U0180238

Sora 革命
文生视频大模型场景赋能

李 波◎著

電子工業出版社·

Publishing House of Electronics Industry

北京·BEIJING

内 容 简 介

人工智能的时代已经到来。随着 AI 技术的迅猛发展，国内外大厂纷纷布局 AI 业务，自主研发大模型，以提升自身的科技竞争力，挖掘 AI 技术的商业价值。2024 年年初，OpenAI 发布文生视频大模型 Sora，引发国内外 AI 圈的热议。Sora 究竟有何特别之处？会为各行各业带来怎样的变化？

本书分为上、下两篇。上篇阐释 Sora 的商业逻辑，从 Sora 概述、技术架构、价值分析、产业生态、战略布局等角度出发，带领读者深入了解 Sora 的技术原理，以及给企业带来的机遇与挑战。下篇聚焦 Sora 的场景赋能，从影视、游戏、媒体、文旅等角度，探究 Sora 如何赋能产业，创新商业模式，推动产业变革。

本书面向 AI 领域的研发者、爱好者及对 AI 感兴趣的企业管理者等人士，能够帮助他们更加深入地了解 Sora，为其思考如何借助 AI 发展的浪潮，如何将 Sora 与个体、企业进行有效结合并提升生产力，提供参考。

图书在版编目（CIP）数据

Sora 革命：文生视频大模型场景赋能 / 李波著. —北京：电子工业出版社，2024.6

ISBN 978-7-121-47961-8

Ⅰ．①S… Ⅱ．①李… Ⅲ．①视频制作 Ⅳ．①TN948.4

中国国家版本馆 CIP 数据核字（2024）第 107422 号

责任编辑：刘志红（lzhmails@163.com）　　　　特约编辑：黄继敏
印　　刷：三河市君旺印务有限公司
装　　订：三河市君旺印务有限公司
出版发行：电子工业出版社
　　　　　北京市海淀区万寿路 173 信箱　邮编：100036
开　　本：720×1 000　1/16　印张：11.75　字数：188 千字
版　　次：2024 年 6 月第 1 版
印　　次：2024 年 6 月第 1 次印刷
定　　价：79.80 元

凡所购买电子工业出版社图书有缺损问题，请向购买书店调换。若书店售缺，请与本社发行部联系，联系及邮购电话：（010）88254888，88258888。
质量投诉请发邮件至 zlts@phei.com.cn，盗版侵权举报请发邮件至 dbqq@phei.com.cn。
本书咨询联系方式：（010）88254479，lzhmails@163.com。

前　言

2024 年 2 月 16 日，OpenAI 发布了其第一个文生视频大模型——Sora。从官方报告来看，Sora 能够根据用户文本描述，生成 1 分钟的高清视频。视频中包含了复杂、精细的环境，生动、逼真的角色，以及像是用动态摄像机拍摄的镜头，令人叹为观止。Sora 无疑是 AI 技术的一大突破性进展，预示着一个全新的视频内容生成时代的来临。

Sora 的出现不仅对于人工智能的发展方向具有标志性的意义，而且，可能对各个行业的发展产生重要影响。对于个体和企业而言，Sora 无疑是一个巨大的机遇。例如：在营销领域，Sora 可以助力品牌快速生成个性化的宣传视频，提升品牌形象；在教育领域，它可以根据教学内容自动生成教学视频，提高教学效率；在娱乐领域，Sora 能够创作出丰富多样的视频内容，满足用户的多样化需求。然而，机遇与挑战并存。Sora 虽然极其强悍，毕竟刚刚面世，许多个体和企业对其了解有限，缺乏相应的应用经验。如何快速掌握 Sora 技术，将其与自身业务相结合，成为一大难题。

为了解决这一难题，本书应运而生。本书不仅深入剖析了 Sora 的技术原理和应用场景，还通过大量实际案例，展示了 Sora 在不同行业中的应用实践。此外，本书还从多个维度对 Sora 的价值进行了深入探讨，提出无论对于提升企业的竞争力，还是对于推动行业的创新发展，Sora 都能发挥重要作用。

本书为读者详细介绍了 Sora，理论丰富，并且辅以大量企业案例。通过阅读本书，读者不仅能够全面了解 Sora 的技术特点和应用优势，还能够掌握其在实际操作中的技巧和注意事项，此外，读者还能够充分了解 Sora 及其价值，从而更好地迎接 Sora 时代的到来，为企业布局 AI 业务提供更多灵感，助力企业长远发展。

目 录

上篇 Sora 的商业逻辑

第1章 Sora：引领视频大模型新纪元 ···································002

1.1 认知：你真的了解 Sora 吗 ······································002

1.1.1 Sora 究竟是什么 ··003

1.1.2 魅力无限的颠覆与创新 ····································004

1.1.3 OpenAI 路线的再一次验证 ································005

1.1.4 推动力：企业探索+技术进步 ····························007

1.2 发展阶段：从聊天到视频的进化 ································008

1.2.1 文生图模型 Dall-E 发布 ··································008

1.2.2 Dall-E 2 发布 ··009

1.2.3 大语言模型 ChatGPT 面世 ································010

1.2.4 推出 GPT-4 语言模型 ····································011

1.2.5 Dall-E 3 问世 ··012

1.2.6 升级版的 Sora 正式亮相 ··································014

1.3 Sora 比同类产品强在哪里 ······································015

1.3.1 时长：60 秒 PK 18 秒 ····································015

1.3.2 镜头语言：运动镜头 PK 静止视角 ························016

1.3.3 商业化：免费选项与开源能力 ·· 017

1.3.4 技术性：重新审视 AI 的发展走向 ·· 017

1.4 Sora 发展热潮已经来临 ·· 018

1.4.1 圈内大佬如何看 Sora ·· 019

1.4.2 AI 赛道迎来新的发展机遇 ·· 019

1.4.3 Sora 的影响力体现在哪些领域 ··· 021

1.4.4 Sora 热潮，是风险还是变革 ·· 021

第 2 章 技术架构：打开 Sora 潘多拉魔盒 ·· 024

2.1 基础技术：Sora 的强大支撑力 ··· 024

2.1.1 AI：从分析式 AI 到生成式 AI ··· 024

2.1.2 大数据：挖掘数据价值，加速决策 ··· 025

2.1.3 云计算：强大的计算能力与存储空间 ·· 027

2.1.4 自然语言处理：理解能力无限提升 ··· 028

2.2 高级技术：打造与众不同的 Sora ·· 029

2.2.1 Transformer 架构：与 ChatGPT 同源 ··· 029

2.2.2 多模态技术：实现智能化交互 ·· 031

2.2.3 扩散变换器：潜在扩散+变换器 ·· 031

2.2.4 视频训练技术：压缩网络+时空补丁提取 ····································· 033

2.2.5 预训练大模型：降低 AI 应用门槛 ·· 034

2.3 技术如何为 Sora 赋能 ··· 035

2.3.1 强大的指令遵循能力 ·· 035

2.3.2 多帧预测能力 ··· 036

2.3.3 与世界"连接" ·· 037

2.3.4 Sora 的不足 ·· 038

第3章 价值分析：Sora 自带商业化基因 ·············· 040

3.1 价值一：视频生成 ·· 040

3.1.1 内容生成模式演变：从 PGC 到 Sora ·················· 040

3.1.2 为什么 Sora 能更好地分析提示词 ···················· 042

3.1.3 生成长达 1 分钟不同尺寸的视频 ····················· 042

3.2 价值二：视频合成 ·· 043

3.2.1 扩展视频：让故事继续发展 ························· 043

3.2.2 视频的连接与无缝过渡 ····························· 044

3.2.3 设备适配性：完美适配各种屏幕 ··················· 044

3.2.4 合成模式：对物理世界的"涌现" ················· 045

3.3 价值三：视频"人格"化 ···································· 045

3.3.1 无限想象：以用户想象为基础 ····················· 046

3.3.2 极致真实：沉浸式视频体验 ······················· 046

3.3.3 广域性：多场景+多类型+多风格 ················· 046

3.3.4 情感的传达：自然且细腻的情感 ················· 047

第4章 产业生态：产业红利浪潮汹涌 ···················· 048

4.1 Sora 问世：产业生态变革 ·································· 048

4.1.1 Sora 推动 AI 产业卷土重来 ······················· 049

4.1.2 半导体产业开始"狂欢" ·························· 050

4.1.3 元宇宙能否被 Sora "拯救" ······················ 051

4.2 多方积极探索产业机遇 ····································· 052

4.2.1 C 端：独立创作者的黄金时代 ····················· 052

4.2.2 B 端：危机中隐藏着机遇 ·························· 053

4.2.3 字节跳动发力剪映：视频编辑走向全民化 ········· 055

4.3　清晰、严谨的产业链 ·· 056

　　4.3.1　上游：AI 芯片、AI 服务器、光通信等 ··············· 056

　　4.3.2　中游：致力于大模型研究的企业 ························· 058

　　4.3.3　下游：涉及 Sora 应用的企业 ······························ 059

第 5 章　战略布局：Sora 机遇属于先行者 ··························· 060

5.1　资本进入：如何抓住 Sora 机遇 ··· 060

　　5.1.1　AI 短剧是当下新风口 ··· 060

　　5.1.2　算力需求暴涨背后的机遇 ····································· 062

　　5.1.3　越来越火爆的 Sora 付费课程 ······························ 063

5.2　在 Sora 领域布局的核心问题 ··· 063

　　5.2.1　Sora 的效益来源在哪里 ·· 064

　　5.2.2　小心，不要让 Sora 成为"韭菜收割机" ············ 064

5.3　Sora 发展热潮下的战略"冷思考" ···································· 066

　　5.3.1　对复杂场景的模拟能力亟待提高 ························ 066

　　5.3.2　Sora 爆火背后的 AI 伦理挑战 ····························· 067

　　5.3.3　不可忽视的侵权风险 ··· 067

　　5.3.4　爱奇艺等平台的市值会不会受影响 ···················· 068

下篇　Sora 的场景赋能

第 6 章　Sora+影视：内容生产模式变革 ···························· 072

6.1　Sora 对影视领域将产生什么影响 ······································· 072

　　6.1.1　影视制作壁垒受到冲击 ·· 072

　　6.1.2　影视制作将重新分工 ··· 073

　　6.1.3　明星效应走向"冷静"阶段 ································· 074

6.2 Sora 带给影视领域的机遇 ···074

6.2.1 历史故事以视频的形式再现 ··075

6.2.2 特效可以直接依靠 Sora 生成 ··076

6.2.3 影视修复：智能修复影视剧集 ······································077

6.3 新影视：从开发到后期都被变革 ··078

6.3.1 开发：根据剧本设计视频，吸引投资 ·······················078

6.3.2 拍摄：自动生成微短剧，缩短拍摄周期 ····················079

6.3.3 演员：设计虚拟演员，不"塌房" ·······························080

6.3.4 后期：无缝转场与影视特效降低后期难度 ·················081

6.4 影视从业者：被重塑的分工 ···082

6.4.1 艰难选择："使用工具的人" Or "工具人" ···············083

6.4.2 Sora 时代，影视从业人员必须更专业 ·······················084

6.4.3 编剧担任多角色，直接生成电影 ··································085

第 7 章 Sora+游戏：游戏领域迎来新发展 ································086

7.1 Sora 与游戏领域相互成就 ···086

7.1.1 Sora 让游戏领域实现井喷式发展 ·······························087

7.1.2 游戏升级倒逼 Sora 不断进化 ·······································088

7.1.3 OpenAI：推出"Sora 版《我的世界》" ····················089

7.2 Sora 时代的游戏新玩法 ···090

7.2.1 原型设计与迭代 ···091

7.2.2 自动生成游戏中的虚拟世界 ··092

7.2.3 智能模拟 NPC（游戏角色）行为模式 ·······················093

7.2.4 游戏测试与调试 ···094

7.3 服务进化：玩家成为"主人" ···095

7.3.1 自动生成游戏演示视频，快速上手 ·········· 095

7.3.2 玩家借助 Sora 自己创作剧情并分享 ·········· 096

7.3.3 根据玩家偏好做个性化游戏推荐 ·········· 097

第8章 Sora+媒体：充分释放媒体潜力 ·········· 099

8.1 被不断赋能的新闻媒体 ·········· 099

8.1.1 ChatGPT：根据采访录音智能写稿 ·········· 099

8.1.2 Sora：提取新闻主题，精准生成视频 ·········· 101

8.1.3 AI 虚拟主播自动播报新闻 ·········· 102

8.2 冲击：Sora 时代的媒体挑战 ·········· 104

8.2.1 警惕假新闻泛滥的局面 ·········· 105

8.2.2 记者不必"瑟瑟发抖" ·········· 106

8.2.3 未来，做网红要拼创意和质量 ·········· 107

第9章 Sora+营销：掀起大规模宣传热潮 ·········· 109

9.1 Sora 让广告宣传"焕然一新" ·········· 109

9.1.1 升级：从广告 1.0 到广告 3.0 ·········· 109

9.1.2 基于营销需求，创作高质量广告 ·········· 111

9.1.3 产品 3D 模型视频，全方位展示产品 ·········· 111

9.2 有了 Sora，IP 打造更轻松 ·········· 112

9.2.1 品牌人格化：自动生成虚拟 IP 形象 ·········· 113

9.2.2 通过视频讲述复杂的 IP 故事 ·········· 114

9.2.3 虚拟代言人带货成为现实 ·········· 115

9.3 营销人如何迎合 Sora 时代 ·········· 116

9.3.1 全民参与：Sora 引爆用户共创热潮 ·········· 116

9.3.2 "社交平台+AICG 创作社区"精准连接 ·········· 117

9.3.3　Sora 加强交互，视频激活品牌裂变 ⋯⋯⋯⋯⋯⋯⋯⋯⋯ 119

第 10 章　Sora+文旅：接驳"智能内容经济" ⋯⋯⋯⋯⋯⋯⋯⋯⋯ 120

10.1　Sora 推动文旅内容变革 ⋯⋯⋯⋯⋯⋯⋯⋯⋯⋯⋯⋯⋯⋯⋯⋯ 120

10.1.1　Sora 自动生成景点推广短片 ⋯⋯⋯⋯⋯⋯⋯⋯⋯⋯ 121

10.1.2　挖掘游客偏好，创作游玩攻略视频 ⋯⋯⋯⋯⋯⋯⋯ 122

10.1.3　推出历史场景复原视频，寓教于乐 ⋯⋯⋯⋯⋯⋯⋯ 122

10.2　体验升级：沉浸式游玩成为主流 ⋯⋯⋯⋯⋯⋯⋯⋯⋯⋯⋯⋯ 123

10.2.1　虚拟景点：足不出户预览心仪景点 ⋯⋯⋯⋯⋯⋯⋯ 124

10.2.2　虚拟游玩：根据需求生成游玩视频 ⋯⋯⋯⋯⋯⋯⋯ 125

10.2.3　虚拟文旅大使：贴心的游玩搭档 ⋯⋯⋯⋯⋯⋯⋯⋯ 125

10.2.4　虚拟文旅活动：沉浸式感受文旅表演 ⋯⋯⋯⋯⋯⋯ 126

10.3　警惕"Sora+文旅"三大问题 ⋯⋯⋯⋯⋯⋯⋯⋯⋯⋯⋯⋯⋯⋯ 127

10.3.1　真实性与信任：保护景点声誉 ⋯⋯⋯⋯⋯⋯⋯⋯⋯ 127

10.3.2　知识产权：推广景点和文物等要合规 ⋯⋯⋯⋯⋯⋯ 128

10.3.3　内容运营：文旅内容创作者要转型 ⋯⋯⋯⋯⋯⋯⋯ 129

第 11 章　Sora+医疗：探索医疗服务新机遇 ⋯⋯⋯⋯⋯⋯⋯⋯⋯ 131

11.1　Sora 创新之医疗机构变革 ⋯⋯⋯⋯⋯⋯⋯⋯⋯⋯⋯⋯⋯⋯⋯ 131

11.1.1　以三维模拟视频展示病变情况 ⋯⋯⋯⋯⋯⋯⋯⋯⋯ 132

11.1.2　治疗计划与病例的远程讨论 ⋯⋯⋯⋯⋯⋯⋯⋯⋯⋯ 133

11.1.3　生成医疗器械使用说明短片 ⋯⋯⋯⋯⋯⋯⋯⋯⋯⋯ 134

11.1.4　医疗教育：逼近真实的手术培训视频 ⋯⋯⋯⋯⋯⋯ 136

11.2　Sora 创新之医患关系优化 ⋯⋯⋯⋯⋯⋯⋯⋯⋯⋯⋯⋯⋯⋯⋯ 137

11.2.1　通过视频解释复杂的手术风险 ⋯⋯⋯⋯⋯⋯⋯⋯⋯ 137

11.2.2　虚拟医生随时随地服务患者 ⋯⋯⋯⋯⋯⋯⋯⋯⋯⋯ 138

11.3　Sora 时代的医疗新职业 ··· 139

11.3.1　医疗可视化设计师 ·· 139

11.3.2　医疗多媒体内容编辑 ·· 141

第 12 章　Sora+教培：定义未来学习 ······································· 143

12.1　Sora 推动教育可视化 ·· 143

12.1.1　自动创作高质量的线上课程 ······································ 143

12.1.2　生成实验视频，保证安全性 ······································ 145

12.1.3　模拟真实场景，实现沉浸式学习 ·································· 146

12.2　培训与 Sora 的"化学反应" ·· 147

12.2.1　讲师自研培训课程 ·· 147

12.2.2　以视频的形式展示培训案例 ······································ 148

12.2.3　虚拟讲师为人类讲师减负 ··· 149

第 13 章　Sora+新质生产力：重新定义 ····································· 151

13.1　新质生产力的历史意义 ·· 151

13.1.1　新质生产力的核心 ·· 152

13.1.2　创新要素与产业升级 ·· 153

13.1.3　历史意义：告别传统过去，迎来新质未来 ····················· 154

13.2　当 Sora 遇到新质生产力 ··· 155

13.2.1　Sora 不就是新质生产力么？ ····································· 155

13.2.2　只有赋能，才能升级 ·· 156

13.3　重新定义产业 ·· 157

13.3.1　Sora+新质生产力下的更多场景 ·································· 158

13.3.2　智能制造与新能源汽车 ··· 158

13.3.3　大消费 ··· 159

13.3.4　航天飞行 ·· 160

13.3.5　金融服务 ·· 161

第 14 章　Sora 的未来：颠覆与变革 ··· 162

14.1　AIGC 的发展趋势 ·· 162

14.1.1　从模式识别到模型生成 ··· 162

14.1.2　Sora 开启多模态大模型新纪元 ··· 163

14.2　算力与电力共舞 ··· 164

14.2.1　Sora 算力到底几何 ·· 164

14.2.2　算力爆发之争 ··· 165

14.2.3　揭开电力的面纱 ··· 166

14.3　Sora 未来展望 ··· 167

14.3.1　创新时代，Sora 将重塑大量行业和企业 ···························· 167

14.3.2　工具时代，专业型工具开发将成为主流 ····························· 168

14.3.3　模型时代，专属、自建模型将大量涌现 ····························· 169

14.3.4　生态时代，大模型生态下百业繁荣 ···································· 169

14.3.5　风险时代，人工智能安全如何守护 ···································· 170

14.4　守护与拥抱 ··· 171

14.4.1　人工智能的极限在哪里 ··· 171

14.4.2　守护文明，拥抱未来 ··· 172

Sora 的商业逻辑

第1章

Sora：引领视频大模型新纪元

继大语言模型 ChatGPT 在多个领域展现出强大的潜力与无限可能后，OpenAI 再次石破天惊地推出了另一款重要产品——Sora。作为具有划时代意义的文本生成视频大模型，Sora 的横空出世，引发了全世界对 AIGC 新一轮的想象和高度关注。Sora 的出现不仅会改变传统的视频创作方式，使视频内容更加丰富，更重要的是开创了视频大模型的新纪元。

1.1 认知：你真的了解 Sora 吗

作为一款最新推出的文本生成视频大模型，Sora 以其强大的功能震惊了世界，并引起了业界的广泛关注。但是，作为一个新生事物，Sora 对于许多人来说还很神秘。接下来将从 Sora 是什么、Sora 的特点等方面进行介绍和分析，帮助大家更好地了解 Sora 的前世今生。

1.1.1　Sora 究竟是什么

在人类社会发展过程中，每一次进步往往伴随着科学技术革命和新技术产生。科技革命和新技术就如同暗夜中的星光，照亮人类的前行之路。

毫不夸张地说，Sora 是夜空中那颗最为闪亮的星星，不仅为科技创新带来了全新的发展方向，而且极有可能彻底改变人类的生活。那么，Sora 究竟有何魅力呢？让我们一探究竟。

提到 Sora，就不能不说 OpenAI。这是一家位于美国旧金山的人工智能研究公司，由营利性公司 OpenAI LP 及非营利性母公司 OpenAI Inc 组成。它以大模型为核心引领了 AI 领域的很多创新革命，是全球通用人工智能领域的领军企业之一。

2015 年年底，埃隆·马斯克（Elon Musk）、彼得·泰尔（Peter Thiel）、萨姆·奥尔特曼（Sam Altman）等人投资创办 OpenAI。第二年，OpenAI 就发布了首款产品 OpenAI Gym 和 Universe（一款开源强化学习工具包），开始进行大模型研究。2019 年 7 月，微软注资 10 亿美元，开始研发新的 Azure AI 超算技术；2022 年 11 月，文本生成大模型 ChatGPT 问世，震撼业界；2024 年 2 月，文生视频大模型 Sora 推出，掀起了新一轮的技术创新风暴，成为人工智能发展进程中的"里程碑"。

Sora 的出现，是继文本、图像之后，OpenAI 的 AIGC 技术的又一次重大突破。与其他视频生成技术不同，Sora 能够根据用户输入的文本，生成长达 60 秒、真实且复杂的视频，且视频质量极高。无论是真实场景还是虚拟场景，Sora 都能够呈现多个角色在复杂场景下的各种活动。

这种高质量的视频生成内容表现，不仅因为 Sora 拥有强大的文本理解能力，更在于其具有的对场景中复杂元素的敏锐洞察能力。Sora 搭载了经过训练的扩散式 Transformer 模型，因而能够更好地进行自然语言处理，并拥有十分

强大的解析力。

Sora 这一名字来源于日语"空"的发音，一般指"天空"，表达了 OpenAI 希望 Sora 能够激起创作的无限可能性的美好愿景。作为一款新型大模型，Sora 结合了 AI、大数据等技术，并拥有先进的算法与数据处理能力，能够快速对大量信息进行分析、处理。而且，Sora 所具有的高效、智能、可拓展等特性，能够为各个行业的发展提供强大的支持。

Sora 集合了很多当前热门的前沿技术，如 AI、大数据、云计算等，因此，其开发和应用需要巨大的资金和资源。通过利用 AI 技术对人类思维过程进行模拟，Sora 拥有强大的解决复杂问题的能力。借助大数据分析技术，Sora 可以实现对海量数据的分析和处理，快速挖掘有效信息，为使用者进行决策提供依据。同时，Sora 能够借助云计算所拥有的强大算力，实现平稳运行。

作为 AIGC 发展过程中的里程碑产品，Sora 不仅具有科技发展上的意义，还会对人类社会产生重大影响，在推动人类社会向更高层次发展的过程中起到重要作用。

1.1.2　魅力无限的颠覆与创新

近年来，随着视频成为传递信息、用户娱乐的重要媒介，各类视频制作软件层出不穷。但是，在实际应用中，这些软件生成高水平视频十分耗费时间和精力，如果不是专业人士，视频的质量根本无法保证。而 Sora 能够解决这一问题，一场视频生成革命悄然展开。

作为跨时代的视频生成工具，Sora 拥有无限的魅力与潜力。与目前已有的其他视频生成模型相比，Sora 具有一些独特的特点，主要表现在以下几个方面。

（1）Sora 生成的视频在时长上遥遥领先。AI 生成视频软件 Pika 能生成 3 秒的视频，AI 视频模型 Stable Video 4 能生成 4 秒的视频。总部位于纽约、资金实力雄厚的生成式人工智能视频公司 Runway 推出的标志性的文本/图像转视频模型

Runway Gen-2，能生成 18 秒的视频。而 Sora 刚面世时，就能生成长达 60 秒的视频，具有超越同类模型的强大能力。

（2）Sora 在画面的逼真程度与精致程度方面更胜一筹。Sora 可以生成更高清的视频，同时，通过使用深度学习技术，Sora 能够生成更加逼真、还原的视频。为了让用户能够更深刻地体会到 Sora 的卓越性能，OpenAI 精心制作了一段时长为 20 秒的"Sora 版《我的世界》"视频。在这段视频中，画面能够自然、流畅地跟随玩家的视角发生相应变化。

（3）Sora 生成的视频有明确的主角和多变的视角。从某种意义上来说，Sora 生成的视频智能度更高，而不仅仅是多段视频的拼接。

（4）Sora 的视频生成效率更高。Sora 采用了更为高效的算法，因而，能够实现在更短的时间内生成更高质量的视频。

（5）Sora 的理解和模仿能力更加强大。通过大量学习，Sora 能够理解用户需求和很多事物在现实世界中的运行规则。通过对真实世界大量视频、材料的学习，Sora 能够更好地学习和了解真实世界，进而生成符合要求的视频素材。

（6）Sora 的可控性更强。Sora 允许用户在一定程度上控制视频生成过程，使生成的视频更符合用户的需求。

总之，与其他视频生成模型相比，Sora 在底层模型和算法上都实现了创新，是视频生成领域的里程碑，拥有无限的魅力。

1.1.3　OpenAI 路线的再一次验证

在 OpenAI 发布 Sora 后，Sora 迅速成为行业内的热门话题。大量的 AI 从业者对 Sora 的诞生感到十分惊讶，没有想到它会发展得如此之快。对于很多 AI 从业者而言，AI 文生视频领域一直是一个很难进入的领域。这主要是因为文本生成视频的技术难度极高，需要克服众多挑战，并在数据质量、算力、融合技术等方面取得显著突破。因此，业界对 AI 生成视频的态度一直相对保守。

然而，Sora 的问世彻底打破了这一局面。它所呈现出的效果远超业内的预期，令人瞩目。马斯克、贾扬清等业界巨头纷纷对 Sora 表示高度赞扬和认可。Sora 之所以能够赢得广泛的赞誉，离不开 OpenAI 一贯坚持的技术路线和卓越的研发实力。

OpenAI 的技术路线发展主要经历了 3 个阶段。

第一阶段使用了 GAN（Generative Adversarial Networks，生成对抗网络）和 VAE（Variational Auto-Encoder，变分自编码器），能够自回归地形成视频帧。这两项技术虽然能够实现视频帧的生成，但是应用范围较为狭窄，生成的视频分辨率不高，且视频画面十分单一。

第二阶段使用了 Transformer 架构，有效提高了视频模型的能力。例如，可以对上下文进行理解、能够实现颗粒度更小的语义控制等。该阶段的挑战是计算量太大，需要更优质的配对数据集。

第三阶段使用了扩散模型，更好地提高了效率和效能。但是扩散模型在算法和数据上存在许多难点亟须攻克，如如何降低计算成本、提升数据质量等。

在技术路线的发展下，Sora 生成的视频在风格、画面等方面弥补了已有视频生成模型的劣势。综合官方的技术文档和专家的猜测观点，我们不难发现，Sora 之所以能加速视频模型的发展进程，核心逻辑在于 OpenAI 技术路线的又一次验证。这一路线的特点是："大力出奇迹"、简洁高效和坚守技术信仰。

在"大力出奇迹"方面，Sora 符合 OpenAI 所推崇的尺度定律（Scaling Law），通过大规模算力和数据的利用，实现了性能的大幅提升；在简洁性方面，Sora 使用了混合模型架构，即基于 Transformer 架构的 Diffusion 扩散模型，并参考了文生文模型中的 Token 原理；在技术信仰方面，Sora 的诞生不是短期内的爆发或偶然，而是 OpenAI 长期技术积累的结果，是长期创新所实现的突破性转变。

Sora 不仅为从业者提供了一种新的技术路线和方向，更为内容创作者提供了新的工具。可以说，Sora 的问世，使 2024 年成为了 AI 文生视频的元年。

1.1.4　推动力：企业探索+技术进步

Sora 的成功并不是一蹴而就的，而是在 OpenAI 的不断探索下，经历了一步步的技术积累，才拥有如此使人惊艳的表现。Sora 能够拥有如此强大的能力，主要得益于企业探索与技术进步。

企业探索是 Sora 发展的重要推动力。从企业探索的角度来看，Sora 的出现是企业对市场需求的敏锐洞察和战略布局的结果。在数字化转型的浪潮中，许多企业纷纷寻求通过技术创新来提升自身的竞争力。文生视频大模型作为一种前沿的人工智能技术，具有巨大的商业潜力。企业通过投入研发资源，积极探索 Sora 的应用场景和商业模式，推动了 Sora 技术的不断完善和成熟。同时，企业间的竞争与合作也加速了 Sora 技术的传播和应用，进一步拓宽了它的应用领域。

技术进步是 Sora 发展的核心驱动力。随着深度学习、自然语言处理等技术的突破，文生视频大模型得以快速发展。Sora 作为其中的佼佼者，得益于算法优化、数据资源和技术平台的支持，不断提升其处理速度和准确性。这使得 Sora 能够更好地理解人类语言，生成高质量的视频内容，为企业和用户提供更加丰富的视觉体验。

近年来，深度学习、自然语言处理等领域取得了显著的进展，为视频处理技术的发展提供了强大的技术支持。Sora 的研发团队在深度学习、计算机视觉等领域拥有深厚的技术积累和实践经验，通过不断的技术创新和优化，成功打造出了这一领先的视频大模型。同时，随着技术的不断进步，Sora 的性能和功能也将得到不断提升和完善，进一步满足了企业对于视频处理技术的需求。

值得一提的是，企业探索与技术进步并非孤立存在，而是相互促进、共同发展的。企业探索为技术进步提供了应用场景和商业模式，为 Sora 技术的持续发展提供了动力。同时，技术进步又为企业探索提供了更加先进的工具和方法，推动了企业不断创新和突破。

1.2 发展阶段：从聊天到视频的进化

Sora 的诞生不是偶然，也不是一蹴而就的，而是大量技术的多次迭代和积累所形成的必然性结果。从文生图模型 DAll-E 发布到最终升级版 Sora 的诞生，这一发展过程体现了内容生成模型从聊天到视频的进化。

1.2.1 文生图模型 Dall-E 发布

近几年，人工智能的发展十分迅速，先后出现了许多功能各异的人工智能大模型。其中，DALL-E 具有一定的代表性。这是一款由 OpenAI 于 2021 年发布的文生图模型，DAll-E 的名字取自知名艺术家萨尔瓦多·达利（Salvador Dalí）和经典角色（WALL·E），暗示了 DAll-E 是艺术与技术的结合。

DAll-E 拥有 120 亿个参数，能够根据用户输入的关键词和短语进行图片生成，打破自然语言与视觉之间的壁垒，实现了全新的突破。OpenAI 利用神经网络模型对 DALL-E 进行训练，从而培养其解读文字并生成图片的能力。借助复杂的模型，DALL-E 能够在识别文本的同时，以一种直观的形式展示文本内容。例如，用户输入"生成一只绿色的猫，猫的身上要有黑色的纹路"，那么 DALL-E 便会对文字进行解析，并生成相关的图片。

DALL-E 主要有三个特点，一是能够对大规模的图像进行处理，并通过对模型不断地训练实现图片质量的提升；二是能够对大量数据进行快速处理，在短时间内为用户生成高质量的图像；三是拥有端到端的技术，能够将自然语言与图像处理进行结合，实现图片生成。

作为一种以深度学习为基础的 AI 模型，DALL-E 是人工智能创造力的巨大飞跃，能够在图像处理和信息传播方面发挥重要的作用。

1.2.2　Dall-E 2 发布

继 2021 年推出 DALL-E 之后，2022 年，OpenAI 对 DALL-E 进行升级，推出了 DALL-E 2。2022 年 7 月，DALL-E 2 进入了测试阶段，仅允许白名单内的用户试用；同年 9 月，DALL-E 2 取消了白名单限制，允许所有用户使用。

与 DALL-E 相同，DALL-E 2 也是一个文字生成图片模型，能够根据用户输入的文本生成图片。与拥有 120 亿个参数的 DALL-E 相比，DALL-E 2 仅有 35 亿个参数，但在图像分辨率方面，DALL-E 2 是 DALL-E 的 4 倍。

DALL-E 2 的出现为 AI 生成图像质量提供了全新的标准，与其他同类产品相比，其对文本描述的理解更加精准，能够生成更加符合用户要求的图片。

DALL-E 2 的工作原理相对复杂，我们首先需要了解 CLIP （Contrastive Language-Image Pretraining，对比语言—图像预训练）、先验模型和 unCLIP（解码器扩散模型）。

CLIP 是 DALL-E 2 架构的重要组成部分，是文本和图像之间的桥梁，能够同时处理图像和文本，从而使机器更好地处理二者之间的关系。先验模型是一种为了解决特定问题而使用的模型结构和参数。unCLIP 则是一个文本引导图像生成模型。三者共同组成了 DALL-E 2。

在使用方面，用户只要输入描述性的文字，便可以利用 DALL-E 2 生成图像。一些艺术家或者设计师花费几个小时甚至几天才能创作出的作品，DALL-E 2 仅需几秒便能够生成。

DALL-E 2 能够帮助零基础的用户进行图像编辑。例如，用户想在一名服务员身旁添加一只猫，只需要输入"在服务员身边放一只猫"，DALL-E 2 便在图片中生成一只猫。图片还可以根据用户的要求不断进行修改，直到用户满意为止。

但 DALL-E 2 并非完美无瑕，它还存在一定缺陷。

（1）DALL-E 2 生成的图片质量与用户提供的文本质量有关，文本描述得越具体，图片的质量越高。DALL-E 2 还不能很精确地对各类元素进行组合，生成完全符合用户期待的图片。例如，对于形状、方向、颜色等，DALL-E 2 不能精准把控。

（2）DALL-E 2 不能够生成公众人物或名人图像。为了防止 DALL-E 2 被滥用，OpenAI 不允许用户生成真实人像。

（3）可能发生侵权行为。DALL-E 2 的数据来源是各类艺术家的作品，在这些作品的基础上进行创作，很容易侵权。

DALL-E 2 并不完美，还处于不断完善中。但是可以预见的是，其会在实践中不断学习，变得越来越智能。从技术的角度来看，DALL-E 2 无疑是 AI 技术的一大进步。

1.2.3 大语言模型 ChatGPT 面世

2022 年 11 月，OpenAI 推出大语言模型 ChatGPT，在全球范围内引发了广泛关注。ChatGPT 是一款自然语言处理模型，能够通过深度学习技术对用户的语言进行理解，并进行回答。这实现了问答领域的革命性突破，受到了众多同行的模仿、追随和大量用户的欢迎。

ChatGPT 采用的是 Transformer 架构，利用大量文本数据进行训练，从而能够完成多种自然语言处理任务，包括智能对话、文本翻译、文本总结等。

ChatGPT 最主要的功能是文本生成。与其他同类型的大模型相比，ChatGPT 在文本生成方面的能力更强。因为具有强大的数据库进行训练和学习，ChatGPT 对语句的理解和生成更加精准。

具体来说，ChatGPT 具有以下特点，如图 1-1 所示。

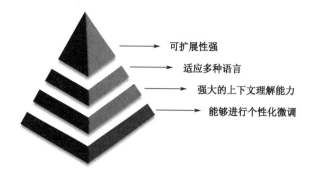

图 1-1 ChatGPT 的 4 个特点

（1）可扩展性强。通过大量的数据训练，ChatGPT 能够完成多个领域的文本生成任务。例如，在教育行业，ChatGPT 能够为学生解答问题；在金融领域，ChatGPT 能够充当客服等。

（2）适应多种语言。ChatGPT 能够生成多种语言的文本，包括英语、中文、日语、法语等。

（3）强大的上下文理解能力。ChatGPT 能够对上下文进行理解，并生成合理且连贯的文字，具备良好的逻辑能力。

（4）能够进行个性化微调。用户可以对 ChatGPT 进行微调，以满足自身个性化需求和完成任务的需要。

作为一个新兴的大语言模型，ChatGPT 给人类的工作、生活带来了很多变化。但是，在享受 ChatGPT 带来便利的同时，用户需要尽可能地保持自主思考能力，将其作为辅助，而不能完全依赖，因为其还处于发展的过程中，并不完善。

1.2.4 推出 GPT-4 语言模型

2023 年 3 月 14 日，OpenAI 推出新一代大语言模型 GPT-4。与 ChatGPT 相比，GPT-4 的功能更加强大，包括图像识别、高级推理等。在单词处理方面，GPT-4 的处理能力是 ChatGPT 的 8 倍。

在美国，律师考试十分困难，考生需要经过长时间的学习才能够取得好成绩。而 GPT-4 在模拟律师考试的成绩却超越了 90%的考生，而其上一代 GPT-3.5 仅能够超越 10%的考生。虽然在模拟律师考试中取得好成绩并不意味着 GPT-4 能够取代律师，但是展现了 GPT-4 强大的能力。

GPT-4 主要有三大特点，分别是图像识别、高级推理和强大的单词掌握能力。

在图像识别方面，GPT-4 能够对图像进行分析并提供相应的信息。例如，GPT-4 能够根据用户提供的食材图片生成合适的食谱。但是为了避免功能滥用，OpenAI 暂时没有开放这一功能，用户仅能通过直播了解这一功能的效果。

在高级推理方面，GPT-4 能够对用户的日程进行安排，并回答一些上下文具有关联性的复杂问题。

在单词掌握能力方面，GPT-4 最多可以处理 25000 个单词。因此，GPT-4 在理解和生成长篇内容方面能力很强。

与上一代 GPT 模型相比，GPT-4 的安全性更高。OpenAI 花费了 6 个月时间对监控框架进行改进，并在医学、政治等敏感领域与专家展开合作，确保 GPT-4 的回答更加安全。

在参数量方面，GPT-4 也远超上一代，拥有更加出色的认知表现。当同时执行多个任务时，GPT-4 也拥有不俗的表现。

ChatGPT 是纯文本输入，输出的是语言文本和代码。与 ChatGPT 相比，GPT-4 支持多模态输入和输出，用户可以输入声音、图像、文本等，GPT-4 能够输出视频、音频等，为用户提供更加丰富的内容。根据测试，当任务足够复杂时，两个模型之间的差距更加明显。总体而言，GPT-4 比上一代的模型更加可靠。

1.2.5 Dall-E 3 问世

作为 AI 届的"劳模"，2023 年 9 月，OpenAI 推出文生图大模型 DALL-E 3。DALL-E 3 不仅继承了之前大模型的优势，还在文生图方面进行了更进一步的创新，为用户提供了更多创意空间。

DALL-E 3 最重要的创新在于图文生成技术，其能够精准分析用户的复杂文字并生成图像。这种生成方式并非停留在表面，而是源于 DALL-E 3 强大的理解能力，因此能够剖析文本的深层含义，并生成合适的图像。

例如，DALL-E 3 可以应用于交互设计领域。用户可以将自己的想法直接转化为图像。这样能有效缩短用户的绘图时间，节约大量的时间和精力。此外，DALL-E 3 能够简化产品设计流程，缩短产品的迭代周期。

在广告创意领域，DALL-E 3 可以应用于创意概念测试。用户能够利用 DALL-E 3 生成直观的图像，从而进行创意概念验证，有效提高了工作效率。

在教育领域，DALL-E 3 能够打造个性化的教学资源。不同学生的学习能力、学习方法有所不同，如何根据学生的特点为其提供个性化的教学资源是教育行业需要思考的问题。

而 DALL-E 3 的出现使这个问题得到了解决。DALL-E 3 能够根据学生的学习需求，为其生成个性化的教学资源，包括图像、动画等。DALL-E 3 不仅为教育行业提供了高质量的教育资源，还为教育行业的创新发展提供了强大的技术支持。

除了上述行业，DALL-E 3 还能够应用于许多其他行业。DALL-E 3 能够应用在医疗行业，根据医生的描述生成病人的医疗影像；能够应用于游戏行业，实现游戏设计师创意的可视化。

DALL-E 3 能够为创新型产品的研发提供技术支持。在 DALL-E 3 的帮助下，传统行业能够焕发新的生机，许多新兴行业拥有更多的创意空间。我们有理由相信，在 DALL-E 3 的帮助下，人类未来的生活将更具创造性。

DALL-E 3 实现了内容生成与智能设计的结合，不仅实现了技术飞跃，还重新洗牌了市场格局，传统的内容生成和设计流程正面临着前所未有的挑战和机遇。

内容生成和设计作为一个人力资源密集的领域，各个环节都需要大量人力资源和时间。而 DALL-E 3 能够为其提供全新的解决方案。DALL-E 3 能够对用户的需求进行理解，并将用户的描述转化为具体的方案，提高了企业的工作效率，降

低了成本。

例如，在广告行业，传统的广告创意生成需要经历漫长的过程。从创意的提出到落地实施，每个步骤都需要耗费大量的时间。而借助 DALL-E 3，广告公司可以快速对各个创意进行验证，并获得直接的反馈，从而有效缩短工作周期，提高创意质量。

在产品设计领域，DALL-E 3 同样展现出极大的实用价值。设计师能够利用 DALL-E 3 生成多种设计方案，实现方案的快速迭代，从而找到最符合用户心意的设计方案。在 DALL-E 3 的帮助下，设计师的稿件质量逐步提高，创作空间更加广阔。

在这个机遇和挑战并存的时代，我们应该在享受 DALL-E 3 带来红利的同时，不断推进技术创新，使技术实现可持续发展，使更多人享受到技术创新的便捷和乐趣。

1.2.6 升级版的 Sora 正式亮相

2024 年 2 月，OpenAI 发布了 AI 文本生成视频模型 Sora。这是继 GPT 和 DALL-E 之后 OpenAI 发布的又一重磅产品。

Sora 能够根据文本生成视频，且视频十分真实，人物、动作、背景等细节十分到位，展现了 OpenAI 在视频智能生成领域的实力与领先地位。

Sora 是一个基于文本条件的扩散模型，使用了一个名为扩散概率模型的技术，能够从一堆噪声中精准生成画面清晰的视频。此外，Sora 还使用了变换器架构，能够在多个领域展现强大的扩展性。

Sora 生成的视频效果十分惊艳，不仅能够生成逼真的场景，还能够根据文本生成符合物理世界规则的场景。此外，Sora 还能够在一个视频内创建多个镜头，实现角色和视觉风格的一致性。在画面表达方面，Sora 能够学习摄影师和导演的表达手法，生成能够传递情感的视频。

Sora 引起了许多用户的讨论，有人认为其是实现通用人工智能的重要里程碑，有人认为其会对视频制作造成影响。对于这些讨论，OpenAI 表示，Sora 仅仅是一款实验性的产品，其试图通过 Sora 对视频生成技术进行探索。Sora 是走向通用人工智能的重要一步，是一个值得探索和研究的方向。

1.3 Sora 比同类产品强在哪里

Sora 横空出世吸引了许多媒体的目光，获得了多方的称赞。人们不禁思考：同样是文生视频大模型，Sora 比同类产品强在哪里？下文将从时长、镜头语言、商业化和技术性 4 个方面进行分析。

1.3.1 时长：60 秒 PK 18 秒

在 OpenAI 推出 Sora 之前，Runway 是用户利用 AI 进行视频生成的最优选。尤其是 Runway 推出了二代模型以后，其能力有了很大提升，例如，不仅能够提高视频中各帧的连贯性，还能够提升视频生成的质量。在不断优化下，Runway 已经能够生成长达 4 秒钟的视频。

而在 Sora 发布后，一切发生了改变。Sora 最大的突破在于拉长了文字生成视频的时长。在 Sora 诞生之前，Runway Gen-2 最长能够生成 18 秒的视频，这是当时 AI 生成视频时长的最高纪录。在同类模型中，Stable Video 4 能够生成 4 秒的视频，Pika 能够生成 3 秒的视频，而 Sora 能够生成 60 秒的视频。在视频时长方面，Sora 领先于所有竞争对手。

Sora 之所以能够实现技术的突破，是因为其采用了扩散 Transformer 架构。而

Sora 的创作者之一曾经在 2023 年与他人一同发表过关于该架构的论文。

Sora 和 Pika、Runway 这三个文字生成视频的底层模型十分相似，都是 Diffusion 扩散模型。但是，Sora 的创作者改变了其实现逻辑，利用 Transformer 架构替换了 U-Net 架构，实现了视频时长的增加。

不过 OpenAI 还没有公布 Sora 能为用户提供哪些功能，因此在现阶段，Runway 仍是 Sora 强有力的替代品。2024 年 1 月，Runway 公布了其新功能，用户能够利用 Multi Motion Brush（多头运动笔刷）控制视频中的元素。此外，Runway 能够提供包含多种 AI 工具的视频制作解决方案，受到用户的欢迎。

1.3.2 镜头语言：运动镜头 PK 静止视角

与其他同类产品相比，Sora 在镜头语言方面也有明显的优势。在 Sora 发布的当天晚上，AI 视频生成企业 Stability AI 发布了一条动态，宣布 Stable Video Diffusion 进行了版本更新。但是，随后这条消息被删除了。我们无从得知这条消息是发送失误，还是 Stability AI 看到了其产品与 Sora 的差距而选择退出。但是在镜头语言方面，Stability AI 旗下的 Stable Video 确实逊色于 Sora。

Stable Video 优化至今，仍没有脱离文本生成视频的一般模式，即只能生成静止视角的短视频。而在 Sora 的宣传短片中，其使用了运动镜头，我们能看到摄像机的角度变换、电影式的剪辑和许多场景变化。

许多科技界的人士认为，Sora 具有世界模型的特质。世界模型指的是对真实世界进行建模，机器能够像人类一样对世界产生全面而准确的认知。如果 AI 拥有世界模型的特质，其生成的视频将会更加流畅和符合逻辑，能够有效降低企业进行模型训练的成本，提升训练效率。

Stability AI 的 CEO 埃马德·莫斯塔克（Emad Mostaque）在 Sora 发布之后表示，山姆·奥尔特曼是一名魔术师，Sora 可以成为 AI 视频生成领域的 GPT-3，在接下来的日子中不断得到优化和发展。

1.3.3 商业化：免费选项与开源能力

与同类产品相比，Sora 在商业化的道路上有两个亟待解答的问题，即 Sora 是否具有免费选项和是否具有开源能力。

2023 年 11 月，Sora 的竞争对手 Pika Labs 推出了 AI 视频生成工具 Pika 1.0。Pika 1.0 以制作精美的演示视频获得了众多关注。Pika 能够生成与 Runway 生成的视频质量不相上下的视频，在短时间内吸引了大量用户，搭建了活跃的用户社区。

与竞争对手相比，Pika 的竞争力在于能够为用户提供免费的服务。Runway 仅为用户提供 125 个免费积分，且不可续。而 Pika 每日为用户发放 30 个免费积分，受到了大量用户的欢迎。

Stability AI 旗下的 Stable Video Diffusion 具有开源能力。用户可以根据自身的需求对 Stable Video Diffusion 进行功能定制，并将其安装在个人设备上。但是 Stable Video Diffusion 仅针对部分用户开放，用户可以去其官网排队获取使用资格。

总之，Sora 在技术方面领先于其他产品，如果能够在商业化方面更进一步，那么将会获得更大的发展。

1.3.4 技术性：重新审视 AI 的发展走向

与其他 AI 视频生成模型相比，Sora 在真实性与实用性方面取得了很大的突破。与同样引起轰动的 ChatGPT 相比，Sora 在时间维度上取得了进步，对真实世界物理逻辑关系的理解更加深入。随着 Sora 的发布，人类距离通用人工智能更近一步，这使得人类开始重新审视 AI 的走向，正视 AI 带来的影响。从深层次的影响来看，AI 主要带来了以下几点变化。

（1）加快了技术迭代速度。从 2023 年年初的 ChatGPT，到同年 3 月的 GPT-4，再到 11 月的 GPT-4 Turbo，文本生成技术的更迭速度不断加快。OpenAI 一直在挑

战自我，为用户带来创新技术。

（2）算力与电力的需求不断上涨。当前的大模型对算力的需求很大。GPU（Graphics Processing Unit，图形处理单元）取代CPU（Central Processing Unit，中央处理器）成为数据中心的主流需求，设备的全线升级对电力需求也一再上涨。

（3）对部分行业带来了降维打击，打破了行业壁垒。许多AI软件的出现给部分行业带来了冲击。例如，Sora发布以后，Adobe（跨国电脑软件企业）的股价产生波动，市场对其不看好。而在Sora投入商用后，许多视频从业者可能会面临失业的危机。

（4）引发工业革命，推动各国之间竞争格局的重塑。人工智能技术的革新，可能会引发全新的技术革命，各个国家之间的竞争格局将在技术的引领下重新洗牌。

总之，以Sora为代表的生成式AI模型的出现，将会给技术领域带来颠覆，促使大众深入思考AI未来将会发展到何种地步、会出现什么问题，以及应该做好什么准备。

1.4 Sora 发展热潮已经来临

Sora在引起AI界轰动的同时也迎来了发展热潮，许多圈内大佬纷纷对Sora给予赞扬，更多企业涌入AI赛道，为AI行业带来了新的发展机遇。Sora已经影响到AIGC行业和相关企业的方方面面，在这样的热潮涌动之下，究竟会给人类社会带来什么？

1.4.1　圈内大佬如何看 Sora

Sora 拥有卓越的能力，一经发布便占据 AI 行业的话题中心。在了解其强大的功能后，不仅是 AI 从业者和使用者，圈内的很多大佬都纷纷发表对 Sora 的看法。

马斯克在社交平台上发表了"gg humans"（人类愿赌服输）的言论；Runway 创始人则认为以前人类需要花费一年完成的作品，在 AI 的帮助下，能够缩短到几个月、几天甚至几小时来完成。

出门问问创始人在朋友圈发出感慨：大语言模型 ChatGPT 是虚拟思维世界的模拟器，而 Sora 是以大语言模型为基础的物理世界的模拟器。如果物理世界和虚拟世界都能更被模拟，那么什么才是真实的呢？

除了感慨，英博数科 CEO 周韡韡还从艺术、技术等角度对 Sora 生成的视频进行了解析，并认为与其感慨，不如一起入局。

360 集团创始人周鸿祎在微博抒发感想，认为 Sora 能够给广告行业、电影行业、短视频行业等带来巨大的冲击，并成为一种高效的短视频创作工具。

总体来说，对于 Sora，圈内大佬大多给出了正面的评价并对其拥有无尽的期待。相信在不久的将来，OpenAI 能够为我们交出一份更完美的答卷。

1.4.2　AI 赛道迎来新的发展机遇

Sora 的出现为人工智能行业带来了新一轮的变革，其在实现商业化的同时带动了 AI 算力、服务器等基础设施需求的上涨和 AI 产业链的整体发展，为国内的 AI 产业链的发展注入了活力、带来了全新的机遇，如图 1-2 所示。

（1）激发技术创新的热情。Sora 的出现使得许多企业和研究机构关注到 AI 视频生成领域，能够推动该领域的快速发展。我国 AI 领域的研究人员将投入更多的资源用于技术研发与创新，希望在国际竞争中获得一定的优势。而随着各个企业、机构对 Sora 的研究，能够激发更多研究者的技术创新热情，为 AI 行业的发展做出更多贡献。

图 1-2　AI 赛道迎来的 3 个发展机遇

（2）推动基础设施建设。作为一种文字生成视频大模型，Sora 对基础设施的要求十分高，需要其拥有强大的算力支持。因此，我国 AI 行业能否加大基础设施建设，为 AI 研究提供支持，成为新的课题。

此外，AI 模型还需要利用大量数据进行训练，因此，需要强大的数据存储和处理能力。我国 AI 行业能否有效推动数据中心、云存储等的发展，也是新的挑战和机遇。AI 模型需要处理大量的视频数据和文字指令，这要求数据存储和处理能力也必须相应提升。

（3）加速产业链整合与升级。Sora 的出现能够推动 AI 产业链的整合与升级。上游会专注于技术研发；中游会聚焦基础设施建设，以提高自身数据存储和处理能力；下游则会致力于 AI 产品研发，打造出更多优质应用。产业链各个环节的通力配合能够推动产业链进一步发展与升级。

总之，Sora 为我国 AI 产业链带来了全新的机遇和挑战。我国 AI 企业如何在激烈的竞争中占据有利地位并取得丰硕成果，让我们拭目以待。

1.4.3　Sora 的影响力体现在哪些领域

Sora 不仅是 AI 领域的一大突破，还给多个领域带来了发生翻天覆地的变化。Sora 会对很多行业产生影响，如下所示。

（1）娱乐影视行业。Sora 能够使娱乐影视行业实现低成本、高效率。娱乐影视行业在场景构建和角色设计方面的负担能够减轻，有效缩短了影片的创作周期。

（2）教育领域。在教育领域，Sora 能够为教师提供更加丰富的教学素材，将文字教材转换成能够吸引学生注意力的视频，有效增强了学习的趣味性，提升了学生的学习效率。这有利于实现个性化教学，每个学生都能获得适合自己的教学素材。

（3）广告营销行业。Sora 应用于广告营销行业能够有效降低广告创意的成本，在短时间内为用户提供多种多样的营销方案，满足用户的多种需求。

（4）新闻社交领域。在新闻社交领域，Sora 能够有效提高新闻报道的时效性和内容的真实性。新闻机构能够借助 Sora 快速生成视频，为用户带来更多直观的、丰富的信息。

事实上，Sora 的诞生标志着一个全新时代的来临，各行各业几乎都很难避免受到影响。面对全新时代，如何保持积极的态度，主动拥抱和适应变化，如何在获得机遇的同时谨慎应对挑战，是所有有识之士都应该认真思考的问题。

1.4.4　Sora 热潮，是风险还是变革

Sora 在业界及社会各界均获得了广泛的关注与赞誉，甚至催生了一批"Sora 概念股"。本着对人工智能的警惕，在一片赞誉和繁荣的景象下，不少人开始深入思考，Sora 所带来的究竟是风险还是变革？

毫无疑问，虽然 Sora 能够推动 AI 视频生成行业实现创新发展，但其本身也

可能伴随着一定的风险。首先，Sora 可能会引起大规模失业风险，这包括但不限于媒体制作和相关设备生产领域的从业人员。其次，对于投资者而言，Sora 的出现可能意味着需要对新媒体及相关领域的投资进行重新认识和评估。此外，Sora 的高度智能化，使得虚假内容泛滥的风险大幅增加。随着视频制作更加简单、便捷，任何人都可以轻易地发布和传播真假难辨的内容，这无疑给全球范围内的治理带来了新的挑战。

Sora 不仅彰显了技术创新的革命性意义，更预示了人工智能在多个领域加速替代人类劳动的趋势。这一趋势并非偶然，而是人工智能发展的必然结果。回顾人类历史长河中的每一次科技革命，我们不难发现，它们都为生产力的飞跃注入了新的活力，深刻改变了人类的生活。人工智能作为当下科技革命的重要方向，正以前所未有的方式重塑世界。

人工智能的发展轨迹清晰展现了其学习、模仿并超越人类极限的特质。从最初的简单计算到如今的深度学习，人工智能的能力已得到了显著提升，不仅在速度和效率上能够与人类劳动者相媲美，更在复杂问题的处理及创新思维上展现出独特优势。

随着技术的不断进步，人工智能将在更多领域发挥着重要作用。例如，在制造业，智能机器人已经能够完成许多烦琐、重复的工作，大幅提高生产效率；在医疗领域，人工智能可以帮助医生进行疾病诊断和治疗方案的制定，提高医疗质量和效率；在金融领域，人工智能可以通过大数据分析和机器学习技术，为投资者提供更加精准的投资建议。而这些，仅仅是人工智能在各个领域应用的冰山一角，随着技术的不断进步，人工智能的应用范围将以指数级增长。

此外，人工智能的广泛应用将对社会的伦理、法律和安全等方面提出新的挑战。例如，如何确保人工智能的决策公正、透明？如何防范人工智能可能带来的安全风险？这些新问题需要我们以新的角度，甚至是"上帝"视角，来进行深入研究和探讨，并制定相应的法律法规和政策来加以规范。

当然，所有的挑战都是发展中的必然。因而，面对这些挑战，我们无须过度焦虑，而应积极思考如何更好地驾驭这种新的力量。具体而言，我们应该积极拥抱和利用人工智能，为其广泛应用创造有利的社会环境。在人工智能时代，如何运用人工智能改造世界将成为各区域和各国之间竞争的关键，成为影响经济发展和竞争的重要因素。因此，我们必须提前进行相应的调整和变革，以适应这一全新的时代。

　　总的来说，在科技飞速发展的今天，Sora 无疑是一次革命性的突破。面对这一技术革命，我们不能盲目乐观或过于悲观，而应该保持理性和开放的态度，既要看到 Sora 带来的机遇，也要看到它带来的挑战。

　　Sora 本身也在发展中，它所带来的不仅仅是一种新的技术工具或平台，更是一次深层次的产业乃至全社会的变革。这一变革的意义不仅仅局限在科技发展和创新领域，而是可能会对整个社会的运行方式和人类的生活产生深远的影响。而今天的我们，正站在人类发展的十字路口。

第 2 章

技术架构：打开 Sora 潘多拉魔盒

Sora 的出现使视觉技术领域迎来革命性突破，其背后的技术支撑引起 AI 爱好者的关注。本章在分析 Open AI 对外公开的技术报告的基础上，结合对人工智能领域相关技术的理解，来探讨 Sora 的技术架构，探索 Sora 所包含的基础技术和高级技术，并分析这些技术如何为 Sora 赋能。

2.1 基础技术：Sora 的强大支撑力

从某种程度上来说，Sora 是站在"巨人"的肩膀上。得益于生成式 AI、大数据、云计算、自然语言处理等技术的不断发展，Sora 的开发与训练效率得到提升。本小节将对支撑 Sora 的基础技术进行简要的分析和介绍。

2.1.1 AI：从分析式 AI 到生成式 AI

从 2016 年开始，分析式 AI（也称决策式 AI、判别式 AI）开始大规模应用。

其能够学习人为输入的数据，明确其中的条件概率分布，结合给定的输出标签进行各项分析、判断和预测工作。

分析式 AI 的训练难度低、耗时短、成本负担较小。由于只需要学习输入与输出数据的关系，因此分析式 AI 能够更高效地处理大规模数据，预测性能更好，并且适用于多任务学习场景。然而，分析式 AI 的训练与应用依赖于大规模、高质量的数据集，并不考虑数据内部结构。因此，分析式 AI 的泛化能力不足，无法处理高维复杂数据，更无法生成新的数据。

2021 年被称作元宇宙元年，在这一年，生成式 AI 作为人工智能的新范式崭露头角。其利用人工神经网络、深度学习等技术，对大规模的训练数据进行处理和学习，总结数据分布形式，以生成新的数据。

生成式 AI 的核心在于"创造"，特别是在数据稀缺的条件下，其能够利用深度学习技术补充数据样本，进行数据增强。在应用层面，生成式 AI 可应用于新闻撰写、广告策划、游戏开发等富于创造性的场景中，为人类提供更多灵感。

作为文生视频大模型，Sora 推动生成式 AI 实现进一步发展。过往的生成式 AI 存在"幻觉"问题，生成的内容有一定概率与现实世界的逻辑相悖，被戏称为"一本正经地胡说八道"。

而 Sora 基于 RNN（Recurrent Neural Network，循环神经网络）、LSTM（Long Short Term Memory Network，长短时记忆网络）等算法，融入扩散变换器、压缩网络、时空补丁等高级技术，生成的视频更加贴合现实世界，用户观感更好。

2.1.2　大数据：挖掘数据价值，加速决策

大数据通常是指规模较大、种类繁多且处理速度快的数据集合。其数据量巨大而价值密度较低，诸如 Excel、MySQL 等传统数据处理软件无法提供很好的技术支持。常用的大数据技术是以 Hadoop 生态为基础。这是一个分布式系统架构，其数据存储与加工流程均为分布式，由多个机器并行处理，进而提升数据处理的

规模与安全系数。

大数据技术的运作分为数据采集、数据存储、数据处理、数据应用以及机器学习五个阶段。在数据采集阶段，由于数据所处场景不同，用户用到的数据采集技术也有所区别。例如，Sqoop（SQL-to-Hadoop）技术适用于数据库同步，利用这一技术，用户可以在关系型数据库与 Hadoop 系统之间进行双向的数据迁移；Flume 适用于采集业务日志，用户可以定制不同数据的发送方；Kafka 适用于数据传输，可以准确、稳定地传输数据。

在数据存储阶段，采集到的数据被保存为 HDFS（Hadoop Distributed File System，Hadoop 分布式文件系统）文件。同时，Hadoop 还提供一些配套工具，例如，HBase——一种分布式列族数据库，可以随机、实时读取大数据；Hive——一种数据仓库工具，将结构化数据映射成数据库表，提供简单的 SQL（Structured Query Language，结构化查询语言）查询功能，并将 SQL 语句转化为 MapReduce（一种分布式计算框架）任务来运行。

在数据处理阶段，对于一次性批量处理的数据，Hadoop 的 MapReduce 功能或 Spark（一种高速且通用的大数据计算处理引擎）都能高效处理。对于需要实时、不间断处理的数据，MapReduce 的处理速度太慢，通常采用 Storm（社交软件 X 的开源大数据处理框架，被称作实时版 Hadoop）或 Flink（支持增量迭代计算的大数据分析引擎）。

在数据应用阶段，Kylin、Zeppelin 等诸多工具都可以进行数据分析。例如，Kylin 是一个开源的分布式分析引擎，提供超大型数据集的 SQL 接口和多维度 OLAP（Online Analytical Processing，在线分析处理）分布式联机分析，能够在亚秒级内查询庞大的 Hive 表格。

最后，在机器学习阶段，大数据与 AI 相结合，借助机器学习工具完成相关工作。例如，Google 的开源深度学习工具 Tensorflow 采用数据流图进行数值计算，配备了许多与机器学习相关的 API（Application Programming Interface，应用程序编程接口），以提升工作效率。

2.1.3　云计算：强大的计算能力与存储空间

Sora 与云计算技术的结合十分密切，从本质上来说，Sora 就是一种新型的云计算平台。其包含分布式存储、边缘计算、智能网络等核心技术，能够提升云计算平台的扩展性、安全性和实时性。

1. 分布式存储

分布式存储就是构建一个虚拟的存储设备，在设备中将数据分散存储到多个服务器上。借助该技术，Sora 能够将数据分散存储至多个节点，有效规避集中存储可能引发的数据丢失、存取低效等问题，提高数据安全和数据可扩展性。

2. 边缘计算

边缘计算是在网络的边缘侧为用户提供云服务和 IT 环境服务，在靠近用户或数据输入侧提供计算、存储等服务。边缘计算能够解决传统云计算（中央计算）存在的高延迟、低带宽以及网络不稳定等问题。

借助该技术，Sora 能够将计算任务分布在更加接近用户的边缘节点上，进而降低延迟，提高响应速度。这有助于 Sora 在实时性要求高的场景中提供实时云计算服务，如在线游戏、虚拟现实等。

3. 智能网络

智能网络通过采集、分析网络数据，感知网络状态与行为，进而更好地优化和控制网络数据。智能网络与云计算关系密切。一方面，云计算为智能网络提供大量的计算和存储资源，使其可以对大规模的网络数据进行处理和分析；另一方面，智能网络为云计算提供丰富的数据资源，助力其优化自身的智能化服务。

借助智能网络技术，Sora 能够优化网络流量与负载均衡，规避网络拥堵问题，提升网络吞吐量与稳定性。Sora 以云计算为技术支撑，为云计算的发展指明方向。一方面，用户对云计算服务的需求朝着实时性、可扩展性的方向发展，这就要求

研发人员对分布式技术、边缘计算予以重视；另一方面，云计算技术的落地必然带来信息安全、隐私保护等问题，强化技术安全迫在眉睫。

2.1.4　自然语言处理：理解能力无限提升

Sora 的技术架构包含视频处理和智能生成两个模块。其中，智能生成模块负责生成智能内容，用到的技术之一就是 NLP（Natural Language Processing，自然语言处理）。

NLP 既是一种技术，又是一门学科，其研究目的是让计算机理解、处理并生成人类语言，进而与人类进行自然对话。NLP 技术可应用于文本摘要、机器翻译、情感分析、系统问答等多类场景中。

NLP 技术的底层原理包括语言模型、词向量表示、语义分析以及深度学习。语言模型负责计算输入文本序列的概率，通常采用概率模型表达文本的生成概率，如 N-Gram 模型、HMM（Hidden Markov Model，隐马尔可夫模型）及 CRF（Conditional Random Field，条件随机场）等。

词向量表示负责将自然语言转换成计算机能够处理的向量形式，通常采用词袋模型或分布式表示等方法。语义分析负责将自然语言转换成计算机能够理解的形式，其关注的是句子的意义，通常使用 RNN、词向量的平均值等方法。

深度学习通过大规模数据训练，提升 NLP 工具处理自然语言的准确性。常用模型包括 RNN、CNN（Convolutional Neural Network，卷积神经网络）、Transformer 等。

在 Sora 的训练过程中，研究团队会从大量的无标签数据中提取知识，然后将其应用到 Sora 的自监督学习中。这种方法降低了 Sora 对标注数据的依赖，更多的无标签数据被应用到 Sora 训练中，可以提升模型性能。

2.2 高级技术：打造与众不同的 Sora

Sora 生成的视频的时长、连贯性、创造性以及与现实世界的贴合度达到了前所未有的高度。Sora 的与众不同来源于其背后的高级技术，包括 Transformer 架构、扩散变换器等。

2.2.1 Transformer 架构：与 ChatGPT 同源

作为 ChatGPT 的核心，Transformer 架构是一种深度学习模型，主要应用于自然语言处理，如语言翻译、文本生成等。就目前来看，Sora 的图像字幕模型、图像/视频压缩模型以及扩散模型，都在一定程度上使用了 Transformer 架构。

首先，我们需要了解 Transformer 架构的基本原理，通常由以下 6 个步骤组成，如图 2-1 所示。

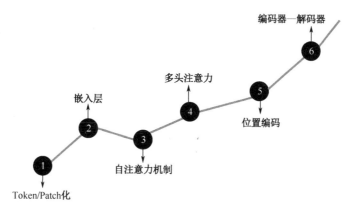

图 2-1　Transformer 架构的基本原理

1. Token / Patch 化

首先，Transformer 需要将输入的文本、图像或视频数据转换为 Token（计算机术语，通常指文本中最小的单位）或 Patch（补丁，也可理解为图像块）。具体来说，文本数据会被拆分成一个个词、字或标点符号；图像会被拆分成一个个"小块"；视频则被拆分成连续帧的一部分。

2. 嵌入层

经过拆分和转换后，这些 Token 或 Patch 会进入嵌入层。该环节会将其转换成固定大小的向量，便于模型做后续处理。

3. 自注意力机制

该环节是 Transformer 的核心。这一机制会权衡每个 Token 之间的关联性和重要性，使 Transformer 更好地理解整个序列。

4. 多头注意力

在这一阶段，Transformer 会从多个角度切入，继续学习 Token 之间的关联性，在不同的子空间中收集更为丰富的信息。

5. 位置编码

Transformer 并不具备处理序列顺序信息的能力，因此在这一环节中，通过添加位置编码，为 Transformer 提供每个 Token 的位置信息，使其在分析中考虑到各 Token 的顺序。

6. 编码器—解码器

编码器用于处理输入的 Token，解码器则根据编码器给出的信息进行相应的输出。这一结构被广泛应用于机器翻译任务中。

作为 Sora 模型的基础架构之一，Transformer 具备出色的序列数据处理能力，能够高效捕捉文本信息，明确上下文关系。该模型与扩散模型将结合，先由 Transformer 对输入文本进行编码，提取关键信息，再由扩散模型结合信息指导视频生成，使 Sora 具备文本转换视频的能力。

2.2.2　多模态技术：实现智能化交互

基于深度学习算法，多模态大模型能够处理文本、图像、声音、视频等多种模态的数据，并将其有效融合，从而更加准确地理解和描述复杂场景。在文生视频领域拥有显著优势的 Sora 本身就是一种多模态大模型。

所谓多模态，是指从多个模态感知或表达事物，通常分为三种形式。一是以多种媒体数据描述同一对象，例如，描述下雪，可以是文字、照片、视频或录音。二是通过不同传感器获得同一种媒体数据，例如，在医疗领域，B 超、CT、核磁共振均产生图像数据，但来自不同的检查设备。三是以不同的数据结构、表述形式展现同一符号或信息，例如，描述一个数学概念，可以用解释性文本、公式、符号、函数图等。

多模态大模型由视觉模型和语言模型两部分构成，采用 CNN、RNN 等深度学习算法。视觉模型负责处理图片、视频等视觉数据，语言模型负责处理语音、文字等语言数据。二者以注意力机制进行交互，实现多模态数据的整合与处理。

基于深度学习算法和大量的数据训练，多模态大模型能够提取不同模态的数据特征，将其转化为自身能够理解的"语言"。在准确识别和理解多模态数据的同时，多模态大模型能够明确不同模态数据之间的关联性，进而更加全面、准确地输出相关信息。

得益于多模态技术，Sora 不仅能够准确理解用户给出的文本信息，将其转化为 1 分钟的高质量视频，还可以接收图像、视频等其他类型的信息，执行编辑任务，如创建 GIF、将静态图片转化成动画、向前向后扩展视频等。

2.2.3　扩散变换器：潜在扩散+变换器

Sora 的核心——扩散变换器（Diffusion Transformer）是将扩散模型与

Transformer 架构相结合，通过逐步去除视频噪声，生成足有 1 分钟的清晰视频。

扩散模型的设计灵感来自物理学的扩散过程，先在数据中逐步添加噪声，再逆向去除，最终形成高质量的数据。扩散模型的核心是 U-Net 架构，如图 2-2 所示。

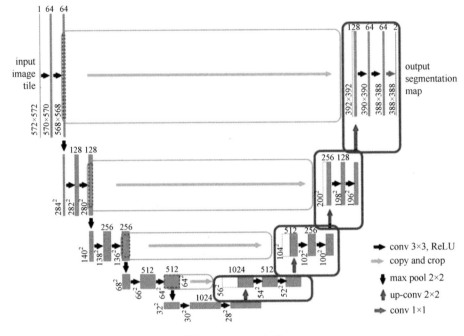

图 2-2　U-Net 架构

如图 2-2 所示，U-Net 架构具有对称和跳跃连接的特征，最初应用于医学图像分割。在扩散模型中，U-Net 的多层次结构使其能够有效学习，并融合不同层级的数据特征。在去噪过程中，U-Net 的跳跃连接特性使扩散模型可以更好地结合各种细节与上下文信息，增强局部与全局信息的融合。同时，U-Net 架构的适应性较强，能够有效整合不同类型与规模的数据，这恰恰是扩散模型所需要的特性。

Sora 的扩散变换器是将传统的 U-Net 架构替换成能够在潜在 patch 上运作的 Transformer 架构，进而将 Transformer 技术引入扩散模型，提升生成图像/视频的效率与质量。

Sora 的扩散变换器具有可扩展性——通过提升 Transformer 的深度或宽度，或者增加 token 输入的数量，能够实现更低的 FID（Fréchet Inception Distance，用于衡量图像质量的指标）。而 FID 越低，图像质量越高。

一项研究表明，最大型号的扩散变换器——DiT-XL/2 模型已经在相关基准测试中实现了最低 FID。这表明该模型在图像生成质量上达到新的高度，特别是在高分辨率图像生成方面具有显著优势。

2.2.4　视频训练技术：压缩网络+时空补丁提取

从研发思路来看，Sora 的开发与训练受到大语言模型（Large Language Model，LLM）的启发，研发团队借鉴 LLM 中 token 的思想，将其应用至视觉模型中。LLM 利用 token 统一处理代码、数字以及自然语言等不同种类的文本数据。而 Sora 用时空补丁（Spacetime Patches）替代 token，用以处理多样化的图像与视频内容。

在 Sora 的研发与训练过程中，研发团队需要将视觉数据压缩到一个低维潜在空间中，再将压缩表示分解成时空补丁。基于此，Sora 能够更加有效地学习和处理多种类型的视觉数据。

Open AI 的研发人员训练了一个压缩网络，用以降低视觉数据维度。在该网络中输入原始视频，能够得到该视频在时间与空间上压缩的潜在表示，进而将视觉数据压缩至低维潜在空间。简单来说，压缩网络将原始视频进行抽象与简化处理，使 Sora 更有效地学习和处理视觉数据。

同时，Sora 也在这个压缩网络中接受训练，以提高处理视频数据的效率，并更好地捕捉视频内容及其特征。此外，研发人员训练了匹配 Sora 的解码器模型，其能够将压缩表示还原成像素级图像和视频，使最终输出的内容保真度更高。

关于时空补丁的提取，视频数据包含时间和空间两个维度，传统方法只考虑到视频的时间维度，将其拆分成一系列连续的帧，却忽略了每一帧中物体的位移。

而时空补丁将视频分解成一系列"小块"，每一块都包含了原视频中的部分时间与空间信息。这种处理方式使 Sora 得以更好地理解视频中的时空关系。

在视频生成过程中，Sora 能够操作这些时空补丁，例如，调整某些补丁以改变视频中人物的动作或位置，生成新的补丁以创建新的帧等。通过对时间和空间的精细控制，Sora 能够生成更精准、更逼真的视频，其灵活性与适配度更高。

2.2.5 预训练大模型：降低 AI 应用门槛

在 Sora 发布后不久，Colossal-AI 团队就发布并开源了全球首个类 Sora 架构的视频生成模型——Open-Sora 1.0。该模型涵盖数据处理、全部训练细节以及模型权重等一整套训练流程，能够降低 Sora 的使用门槛。

Colossal-AI 团队的 Sora 复现方案包 4 个关键维度。

1. 模型架构设计

Open-Sora 1.0 同样采用扩散变换器架构，以文生图模型 PixArt-α 为底座，引入时间注意力层，进而将其扩展至视频数据。整个架构包含预训练好的 VAE、文本编码器以及基于空间－时间注意力机制的扩散变换器（Spatial Temporal Diffusion Transformer，简称 STDiT）。

2. 训练复现方案

Open-Sora 1.0 的训练分为三个阶段。一是大规模图像预训练，该团队直接选择一个高质量文图模型并对其进行训练，作为下一阶段的初始化权重。

二是大规模视频训练，该团队在第一阶段模型中加入时序注意力模块，使其学习视频中的时序关系。同时，该团队采用 PixArt-α 的开源权重作为该阶段 STDiT 模型的初始化，文本编码器则采用 T5 模型，并使用 256x256 的小分辨率，以加快收敛速度，降低训练成本。

三是高质量视频数据微调。Colossal-AI 团队表示，该阶段使用的视频数据规模比上一阶段要小，但视频画质更高、时间更长。经过微调，Open-Sora 1.0 能够生成时间更长、分辨率与保真度更高的视频。

3. 数据预处理

该团队在代码仓库中提供了 Open-Sora 1.0 的视频数据预处理脚本，用户可以对其进行视频数据集下载、长视频分割、精细提示词生成等方面的训练，在自己的数据集上迅速生成训练文本或视频，进一步降低 Sora 复现的难度。

4. 高效训练加持

Colossal-AI 团队的加速系统为 Sora 的高效训练提供支持。团队通过算子优化、混合并行等策略，使 Open-Sora 1.0 在训练中以 1.55 倍速处理 512×512 分辨率、64 帧视频，提高任务处理效率。

Colossal-AI 团队将 Open-Sora 1.0 免费开源在 GitHub 上，并持续优化 Open-Sora 项目，降低 Sora 使用门槛，推进其在电影、游戏等领域落地。

2.3　技术如何为 Sora 赋能

在基础技术和高级技术的双重加持下，Sora 具备强大的指令遵循、多帧预测以及"世界模拟"能力，生成的内容拥有更丰富的细节，值得反复推敲。尽管 Sora 是 AI 领域的一项重要成果，但是其也存在一些不足，需要进一步改进。

2.3.1　强大的指令遵循能力

用户普遍通过自然语言指令，即文本提示与 Sora 进行交互，这就要求 Sora 具备强大的指令遵循能力，才能生成符合用户要求的视频。

为了增强 Sora 的指令遵循能力，研发团队使用了类似文生图模型 DALL-E 3 的训练方法。DALL-E 3 的训练方法是假设文本与图像数据的质量决定文生图模型的性能。数据质量差，尤其是数据噪声大、标题过短等问题普遍存在，导致 DALL-E 3 遗漏了大量信息，如忽略关键词、词序等，进而误解用户意图。

为了解决这一问题，DALL-E 3 采取标题改进方法，即为现有图像添加详细的描述性标题。研发团队先训练一个图像字幕器，其能够生成描述性强的图像字幕，再根据字幕对生成图像的主要对象、周边环境、文本、色彩等内容进行微调。

Sora 采取类似的字幕改进方法。研发团队首先训练一个视频字幕器，用以生成描述性强的视频字幕。关于视频字幕器的训练方法，Sora 的技术报告中并未透露详细信息。目前已知的方法是 VideoCoCa。

该方法以 CoCa 架构为基础，根据图像编码器在预训练中的权重，将其应用于采样的视频帧。其生成的帧标记会被展平，进而连接成一长串的视频表示。然后，生成池化器与对比池化器会处理扁平化的帧标记，与字幕损失、对比损失联合训练。

此外，为了确保训练数据中的字幕与用户提示的格式一致，Sora 在额外的提示扩展步骤采用 GPT-4V，将用户输入的内容扩展为详细的描述性数据。通过指令调整训练，Sora 拥有强大的指令遵循能力，生成的视频能够更加精准地满足用户需求。

2.3.2 多帧预测能力

近年来，视频预测引起广泛关注，在人体运动预测、气候变化预测、交通流预测等领域得到应用。通过引入 Transformer 架构、循环神经网络等神经操作符，采用自回归、标准化流等精细架构，以及应用对抗性训练等不同的训练策略，视频预测的性能逐步增强。Sora 在此基础上有了新的提升。

在生成长视频的过程中，如何使其中人物、物体及场景保持一致是一项很大的挑战。Sora 的多帧预测能力使其在生成视频时可以一次性进行多帧预测，保证画面主体即使暂时离开观众视野，也能保持外观、行为和环境的一致。

例如，OpenAI 在论文中公布的视频画面——一只趴在窗边向外张望的斑点狗，即使被路过的人群遮挡，观众暂时无法看见，其外形、动作及周围的背景（粉红的墙面、蓝色的窗台）也没有发生变化。

这一能力表示，Sora 有能力通过不断进行深入的自我学习，情感化地理解用户指令，使生成的视频逻辑更为连贯、情感更为丰富。

基于扩散变换器、指令调整等多方面的训练，Sora 能够通过极简的方式生成视频。用户只需通过自然语言描述所需场景，即可获得基于描述的完整视频。视频生成所需要的细节和深度都远远超过文本描述，这就要求 Sora 对人类语言有深刻的理解。

以往，AI 生成的图像与视频缺乏深入人心的情感表达，难以激起用户的共情共鸣。然而，Sora 生成的视频中的角色拥有自然、细腻且逻辑严谨的情感流露，与其所处的环境完美融合，仿佛是一位真实存在的人物，能够深深触动观众的心灵。

2.3.3　与世界"连接"

OpenAI 将 Sora 标榜为"世界模拟器"，即通过 Sora 的"构建"能力使其生成的内容无限接近于我们所处的现实世界。

现实世界遵循特定的物理定律而运转，例如，物体存在重力，风会吹动头发，易碎物品落地会依照可预测的方式碎裂等。传统的 3D 建模会受到帧数限制，而Sora 能够无限复刻细节，使视频内容严格遵循物理定律且逻辑通顺。

得益于大规模的数据训练，Sora 能够更准确地理解和模拟三维空间。当一位人类摄影师手持摄像机，围绕一名正在跳舞的舞者进行旋转拍摄时，我们能从不同的角度看到舞者的动作，并且人物、动作与背景都在正确的空间、位置上。如

今，Sora 也能生成这样的视频。其不仅能够捕捉平面图像中的动作，还能够通过 3D 视角展现人物或物品的运动，呈现出如同动态摄像机拍摄的内容。

同时，Sora 可以模拟人物与环境之间的简单互动，例如，一个人在吃汉堡时留下的咬痕，行走时脚下的尘土飞扬，画画时画布颜色发生的变化等。这些小细节极大增强了视频的真实感，展现 Sora 对现实事物之间互动与影响的理解与模拟。

除了擅长模拟人工过程，Sora 还具备卓越的数字场景模拟能力。以经典的沙盒游戏《我的世界》为例，当我们向 Sora 提供有关这款游戏的相关信息时，它能够灵活运用基本策略来控制游戏中的玩家行为，并以极高的保真度精准渲染游戏世界及其相关动态。

2.3.4　Sora 的不足

当然，Sora 的发展任重而道远。就目前来看，Sora 依旧存在诸多不足之处，主要体现在以下四个方面。

1．物理现实主义的挑战

Sora 无法准确地描述复杂场景，具体来说，其对复杂场景中物理原理的理解与处理并不一致，这就导致其无法精准复刻带有因果关系的具体事例。例如，对咬痕的复刻——Sora 生成的吃饼干画面中，并非 100% 在饼干上产生相应的咬痕。

同时，在 Sora 生成的运动视频中，存在对物体变换、椅子刚性结构等内容的不自然、不正确模拟，进而使视频中出现不切实际的物理交互，让观众有滑稽之感。

2．时空的复杂性

有时，Sora 会误解给定提示中关于物体位置或顺序排列的指令，进而导致方向混乱，如混淆左右。同时，在保持事件时间的准确性方面，Sora 的能力还有待提升。此外，在涉及大量角色的复杂场景中，Sora 更倾向于添加无关的人或动物，这就导致生成的视频偏离最初设想的构图和氛围。这一问题会影响 Sora 重新创建特定场景的能力，使其生成的视频不够连贯，内容也会与用户的期望大相径庭。

3. 人机交互的局限

在人机交互领域，用户与 Sora 交互的效率和一致性并不高，尤其体现在详细修改或优化 Sora 生成的内容方面。例如，用户很难精确地描述视频中某些特定元素的具体修改需求，而 Sora 不能完全理解复杂的语言指令，也无法捕捉细微的语义差异。这就导致其生成的视频不能完全符合用户期待，可能给用户带来不好的体验。

4. 使用方面的限制

一方面，Sora 与其他 AI 大模型一样，在信息安全、内容审核、隐私保护等方面存在隐患，仍需进一步升级和完善。另一方面，目前 Sora 最多只能生成 1 分钟的视频，这意味着其无法应用于详细的教学视频或长篇故事讲述中，内容创作范围会受到一定的限制。

综上所述，无论从技术视角，还是伦理视角来看，Sora 仍存在许多不足之处。这些不足会对 Sora 与各个行业结合、实现广泛应用产生不利影响。当然，我们有理由相信，随着技术进步和创新，这些问题都会得到解决。但在此之前，我们仍需对其保持谨慎的态度，不断加深对其的了解，确保安全应用。

第 3 章

价值分析：Sora 自带商业化基因

在数字时代，视频已经成为信息传播的一个重要途径，受到很多用户的欢迎。而文生视频大模型 Sora 的诞生，无疑迎合了时代的需求，具有巨大的商业价值。与同类产品相比，Sora 自带商业化基因，这主要体现在视频生成、视频合成、视频"人格"化三个方面。

3.1 价值一：视频生成

Sora 的价值体现在视频生成方面。与同类产品相比，其能够更好地分析提示词、生成时长更长的视频，从而获得众多用户的喜爱。

3.1.1 内容生成模式演变：从 PGC 到 Sora

随着技术不断发展，内容生成模式也发生了变化。互联网在经历了 Web 1.0、Web 2.0 和 Web 3.0 的发展阶段，每一个阶段都催生了符合时代特点的内容生成模式，分别是 PGC（Professional Generated Content，专业生成内容）、UGC（User Generated Content，用户生成内容）和 AIGC（AI Generated Content，人工智能生产内容）。

PGC 指的是内容的创作编辑和发布由专业人士或者创作团队完成。PGC 主要起源于传统媒体时代，包括报纸、杂志等。而在数字时代，新华社、人民日报等媒体，汽车之家、新浪财经、36 氪等垂直专业媒体都属于 PGC。

PGC 模式主要存在三个问题：一是对内容生产的专业度要求高，创作者需要具有专业技能和长时间的经验积累；二是 PGC 模式的内容生产力有限，无法满足用户的需求；三是内容较为单一，无法满足用户的多样化需求。

UGC 模式是在互联网的普及和社交媒体的兴起下发展起来的。UGC 指的是由用户进行内容的创作、编辑和发布，任何用户都可以是创作者。UGC 的形式众多，包括图片、视频、文字等。UGC 模式的兴起降低了内容创作的门槛，越来越多的用户能够进行内容创作，创造出更多个性化的作品。

UGC 模式也存在一些缺陷：一是创作门槛的降低使得内容质量参差不齐；二是审核机制不健全使得内容创作行业出现各种乱象，包括虚假信息的传播、恶意攻击等；三是容易出现法律问题，如版权纠纷、隐私泄露等。

在这样的背景下，AIGC 模式应运而生。AIGC 充分利用了 AI 技术的优势，能够生成包括文本、图像、视频等在内的各类内容。而在各类 AIGC 产品中，风头最盛的莫过于 Sora。Sora 是一款文生视频大模型，能够根据用户输入的文字生成相应的视频。

Sora 生成的视频不仅质量上乘，堪比 PGC 模式下的精品，而且产出速度也堪比 UGC 模式，满足了用户快速获取内容的需求。更值得一提的是，Sora 还能够根据用户的个性化需求生成相应的内容。

从 PGC 到 UGC，再到如今的 AIGC，内容生成模式不断演变，每一次变革都带动了内容创作领域的巨大进步。随着 AI 技术不断发展，我们有理由相信，未来的内容生产将会发生更加深刻的变革，更多高质量的作品将会出现，能够满足用

户日益增长的多元化需求。

3.1.2 为什么 Sora 能更好地分析提示词

Sora 之所以能够更精准地分析提示词，归功于其巧妙地借鉴了 DALL-E 3 所采用的重新标注技术。

为了充分发挥 Sora 在提示词分析上的优势，OpenAI 首先对模型进行训练，得到一个能够生成高度描述性文本的模型，并将训练的视频转化为对应的文本描述。OpenAI 发现，利用这些具有丰富细节的视频文本进行训练，不仅能显著提高文本描述的准确性，还能提升视频的质量。

这种方法就像为视频提供了一本详细的说明书。当 AI 学习根据文本生成视频时，文本描述的详尽程度直接关系到 AI 对内容的理解和复现能力，进而影响到生成视频的质量。通过提供详细的文本描述，视频生成更加贴近文本意图，提升视频的整体观赏性和用户满意度。

此外，OpenAI 还利用 GPT 将用户的简短描述转化为更加精确和详细的说明，并将其嵌入视频模型中。这种方法能够提高 Sora 的视频生成质量，更加符合用户的需求。

Sora 的提示词分析过程就像用户拥有一个智能助手，当用户向其描述视频的大致构想时，它不仅能够满足用户的基本要求，还能对用户的想法进行拓展和深化，提供更为丰富的描述。这些描述如同为 Sora 绘制了一幅详细的蓝图，指导其进行视频制作。在确保视频符合用户的期望的同时，Sora 还可能为用户带来意想不到的惊喜。

3.1.3 生成长达 1 分钟不同尺寸的视频

当下的大多数视频工具只能生成几秒或十几秒的视频，而 Sora 能够生成长达

1 分钟的视频。而且这 1 分钟的视频并不仅仅是单一场景，而是拥有多个镜头。更加令人惊喜的是，在一个视频内，Sora 能够确保多个镜头之间的主角、场景等因素保持一致。虽然理论上 Sora 能够生成更长的视频，但是这可能会受到算力的限制。

此外，Sora 还能够生成许多尺寸不同的视频，如宽屏的 1920x1080 像素视频、竖屏的 1080x1920 像素视频，以及其他尺寸的视频。这意味着 Sora 能够根据设备的尺寸进行视频尺寸调整，无论创作者应用什么设备，Sora 都能够根据其要求制作出完美适配设备的视频。

3.2　价值二：视频合成

Sora 的价值还体现在视频合成方面。与竞品相比，Sora 能够进行视频扩展；实现视频的连接与无缝过渡；具有设备适配性，能够完美适配各类屏幕；能够通过合成模式实现对物理世界的"涌现"。

3.2.1　扩展视频：让故事继续发展

Sora 的扩展视频功能是其亮点功能。虽然 Runway Gen 2、Pika 等视频生成软件也能够在已有视频的基础上进行扩展，但是这些软件的扩展功能只能够在当前视频的基础上向前扩展几秒钟。而 Sora 能够在当前视频的基础上进行向前或向后的扩展。用户可以利用 Sora 对视频进行扩展，使故事继续发展。

例如，用户为 Sora 提供一个视频，Sora 能够为该视频提供许多种开头，或者同时对该视频进行开头和结尾的扩展，生成一个无限发展的视频。此外，基于

Transformer 的扩散模型，Sora 还能够保证画面主体在离开用户视野后保持不变，使生成的视频更具连贯性。

3.2.2　视频的连接与无缝过渡

Sora 还能够实现视频的连接与无缝过渡。根据用户输入的内容，Sora 能够将两个主题、场景完全不同的视频合成在一起，生成一个全新的、毫无违和感的视频，即实现两个视频的无缝过渡。

例如，用户提供一个无人机飞越沙漠的视频和一只蝴蝶在花丛中飞舞的视频，Sora 能够将两个视频合成一个视频，将无人机转变为蝴蝶，将沙漠转变为一片花丛，使两个视频实现无缝过渡。再如，用户发送一个圣诞雪景的视频和一个罗马建筑物的视频，Sora 能够使罗马建筑物旁边飘起雪花，使得两段视频在风格上和谐统一，不会显得突兀或违和。

3.2.3　设备适配性：完美适配各种屏幕

以 Runway Gen 2 为代表的视频生成软件的视频尺寸都是固定的，仅能够选择16:9、9:16、1:1 等长宽比，在清晰度方面，默认为 1408×768 像素。

而 Sora 不仅能够生成各类尺寸的视频，还具有设备适配性，能够解决视频拉伸问题，完美适配各种屏幕。Sora 具有出色的采样能力，能够自动生成与设备匹配的尺寸，手机的竖屏、平板的横屏和电视的宽屏等，都能够完美呈现视频。

此外，Sora 在生成高分辨率的视频之前能够生成小尺寸的内容原型，使用户能够更好地预览和调整视频内容。在 Sora 的高设备适配性下，用户无须担心适配问题，仅需专注于内容创作。

3.2.4　合成模式：对物理世界的"涌现"

与其他视频生成软件相比，Sora 生成的视频能够为用户呈现一个更加真实的物理世界。例如，逛街的时尚女人、登山的运动员等，场景都十分真实。

Sora 之所以能够呈现出如此真实的视频效果，得益于其独特的运动相机拍摄方式。通过模拟运动相机的旋转等动作，Sora 成功地将视频与物理世界的三维空间相融合，使得生成的视频与运动相机拍摄的实际效果相差无几。

在长视频采样过程中，如何保持时间的一致性，是视频生成软件普遍面临的一大难题。但 Sora 凭借其强大的建模能力，能够根据短距离与远距离的依赖关系进行精准建模，从而实现时间的一致性。这意味着，即使视频中的主角被遮挡或暂时离开，Sora 也能确保其在后续的视频中继续出现，保证了视频的连贯性和完整性。

此外，Sora 还具备生成一些简单动作的能力，这些动作能够影响视频中世界的状态。例如，主角可以在视频中吃热狗并留下咬痕，这种细节的展现进一步增强了视频的真实感和生动性。

3.3　价值三：视频"人格"化

Sora 并非只是停留在简单的文本生成视频层面，而是以前沿的技术为视频创作领域带来了颠覆性的革新。在技术的驱动下，Sora 生成的视频具有"人格"化特点，成功塑造了属于自己的鲜明特色。

3.3.1　无限想象：以用户想象为基础

Sora 的视频能够为用户提供无限想象空间，其生成的视频不局限于现有的数据框架，而是能根据用户的想象进行创造。无论用户想要复古场景还是奇幻场景，Sora 都能够生成。

在生成视频时，Sora 会深度解读用户输入的内容，以更加灵活和更具创造性的方式自然地融入多种元素，实现更好的视频呈现效果，给用户带来惊喜。Sora 以用户的想象为基础，结合自身的创造力，开辟一个全新的视频创作时代，使用户能够自由探索并实现自己的想象。

3.3.2　极致真实：沉浸式视频体验

Sora 能够生成与真实拍摄的视频难以区分的视频，具有高保真的细节、纹理、光照和阴影。即使是反射、透明度和遮挡等具有挑战性的场景，Sora 也能应对自如，呈现出一致且连贯的视觉效果。这使得创作者能够轻松将他们的想象力转化为几乎与真实无异的视频内容，为用户带来沉浸式的观看体验。

3.3.3　广域性：多场景+多类型+多风格

Sora 在视频生成方面具有多样性，能够生成多场景、多类型和多风格的视频。

在场景方面，Sora 能够生成工作、休闲、居家等场景，无论是植物园、动物园还是体育场等，画面都十分精致和逼真。

在类型和风格方面，Sora 能够从用户的偏好和要求出发，为用户定制视频。Sora 还能够根据用户的要求确定视频基调和美学风格，致力于为用户打造独一无二的视频，充分展现自身在视频生成领域的独特魅力。

3.3.4　情感的传达：自然且细腻的情感

AI 生成的图像和视频在传达情感方面一直面临着很多难题。然而，Sora 模型生成的角色拥有令人难以置信的合乎逻辑、细腻的情感，并且能够自然地融入它们所处的环境中，仿佛带有灵魂，其表现甚至比真实的人还要逼真。

第 4 章

产业生态：产业红利浪潮汹涌

Sora 一经问世，就引发全球各行各业的广泛关注。Sora 不仅突破了技术方面的诸多难题，还给许多行业带来深刻的影响。Sora 预示着智能化创作时代的到来，更预示着多个行业将会发生重大变革。面对这一汹涌的时代浪潮，各行各业在调整产业结构的同时，必须敏锐地抓住 Sora 带来的机遇，同时做好迎接挑战的准备，携手 AI 技术共同书写新时代的辉煌篇章。

4.1 Sora 问世：产业生态变革

Sora 促进了技术的持续创新和发展，推动了产业向智能化、自动化的方向迈进，带动整个产业生态的变革和升级。Sora 不仅是一次技术的飞跃，更是一次产业的革新。它极大地提升了生产效率和内容质量，为产业的智能化、数字化、个性化发展注入了强大动力。然而，随着 Sora 的广泛应用，我们也必须正视其可能带来的挑战与调整。产业链上的各方需携手共进，积极适应并应对这些变化，共同推动产业生态的健康、稳定和可持续发展。

4.1.1　Sora 推动 AI 产业卷土重来

随着 AI 技术的快速发展，Sora 逐渐成为 AI 产业卷土重来的重要驱动力。凭借对技术的创新与突破，Sora 不仅推动了 AI 产业蓬勃发展，更以卓越的视频生成能力和高度逼真的表现形式，在技术界掀起了一股热潮。

Sora 巧妙地将自然语言处理和计算机视觉算法相结合，通过不断的技术创新和算法优化，成功打破了文本生成视频领域的技术壁垒，推动了 AI 技术在自然语言处理和计算机视觉领域的整合与创新。

同时，Sora 的出现激发了企业和高校对 AI 技术的深入探索。基于 Sora 的底层技术，众多研究者开始在视频生成、视频处理以及数据分析等多个领域展开深入研究，旨在培养出更多具备创新思维和技术突破能力的 AI 技术人才。

作为 AI 技术的重要分支，Sora 需要更加强大的算法作为支撑，这带动了云计算、HPC（High Performance Computing，高性能计算）、芯片等基础设施的需求增长。为了满足这一市场需求，AI 行业将加大对相关技术基础设施的投资力度，推动基础设施的优化升级。同时，由于 AI 技术对数据的依赖性极高，这也要求数据存储、筛选和处理等能力同步提升。

Sora 不仅激发了 AI 产业链各个环节的技术创新与产品研发热情，更推动了 AI 产业链的进一步拓展。上游企业将在算法研究、模型训练优化以及 AI 芯片设计与生产方面投入更多资金；中游企业则致力于优化 AI 开发平台、云计算服务等基础设施，将 AI 技术整合至现有系统中，提供定制化的解决方案；而下游企业则积极开发各类 AI 应用产品，如智能客服、智能驾驶等，以满足市场的多样化需求。

Sora 的发展还为娱乐、教育、医疗等更多领域带来了丰富多样的 AI 应用，为下游 AI 企业创造了更多商机与价值。通过技术创新、商业应用和社会影响等多方面的推动，Sora 为 AI 产业的发展带来了前所未有的机遇与挑战。展望未来，

我们有理由相信，Sora 将继续引领 AI 技术的突破与应用，为人工智能产业的持续发展贡献更多力量。

4.1.2 半导体产业开始"狂欢"

根据半导体行业协会发布的数据，2023 年全球半导体的销售总额为 5 268 亿美元，而 2022 年的销售总额为 5 741 亿美元，比较而言，2023 年的销售总额下降了 8.2%。

但从 2024 年 2 月以来，半导体的各项细分板块的指数呈快速提升趋势，上升幅度均超过 15%。截至 2024 年 3 月 17 日，光学元件的涨幅自 2 月以来上升了 30.74%，涨幅位列半导体细分板块第一。

Sora 对计算性能和数据处理能力有着很高的要求，促使半导体企业开发更强大、高效的芯片和处理器。同时，为了满足 Sora 等新兴应用的需求，半导体企业需要开发定制化芯片，提供更好的性能和能效比。

半导体制造过程中存在许多参数和变量的调整与优化问题，这些问题对产品质量和生产效率有着重要影响。Sora 可以通过分析大量的制造数据和历史经验，自动生成制造参数优化方案，并实时调整制造流程。这有助于降低制造成本、提高生产效率和产品质量，使半导体企业获得显著的竞争优势。

Sora 的应用促使半导体企业与人工智能企业展开合作，共同推动技术进步和产品创新，构建更加健康的产业生态系统。同时，半导体企业需要开发面向 AI 应用的专用芯片，以提高市场份额，实现业务增长。

面对高性能芯片需求激增和 AI 技术的迅猛发展，半导体行业将重点关注 AI 芯片的产能，这或许会导致供应链紧张以及价格波动，给半导体行业带来很大的挑战。面对挑战，半导体行业需要迎难而上，开发新的芯片。

半导体是现代科技的基础，被广泛应用于电子产品、通信设备和人工智能等领域。半导体企业面临的竞争日益激烈，因此需要不断创新以提升产品性能、降低成本。通过在设计创新、制造优化和市场推广等方面的应用，Sora可以帮助半导体企业提高技术水平、生产效率和产品质量，降低成本，从而增强竞争力，创造更大的商业价值。

　　未来，随着技术的不断进步和应用场景的拓展，Sora将成为半导体企业的重要利器，助力行业持续发展。

4.1.3　元宇宙能否被Sora"拯救"

　　对大多数人来说，元宇宙已经不是一个新鲜概念。它通过各种科幻电影、小说走进大众视野多年，作为虚拟与现实交融的产物，带有极为神秘的色彩。如今，OpenAI推出的Sora作为一个新兴的技术解决方案，被寄予厚望，希望能够推动元宇宙进一步发展。

　　Sora的最大特点就是能够根据用户的文字描述，自动生成时长为60秒的逼真视频。而元宇宙需要的就是极为真实的虚拟世界，Sora可以最大程度地满足这一需求。Sora可以为元宇宙提供较为丰富的数据和内容，通过生动逼真的视频，为元宇宙注入新的活力。

　　借助先进的交互技术和高度逼真的图形渲染，Sora可以为用户带来前所未有的沉浸感。例如，利用Sora的空间定位和声音模拟功能，用户可以在元宇宙中感受到真实世界的触感和声音，提高了用户与虚拟世界的互动性，增强了用户黏性。

　　如何构建和运营一个安全、互动频繁、多样化的元宇宙是一项巨大的挑战。作为一个开放、虚拟的空间，元宇宙必须确保用户的隐私安全。

　　Sora通过内置的身份验证、加密通信和内容审核机制，为用户提供了一个相对安全的交互环境。这有助于防止不良内容的传播和恶意行为的发生，保护用户免受来自虚拟世界中的威胁和侵害。

　　Sora可以应用于元宇宙的各个方面。从3D建模到动画制作，Sora涵盖了整个创作生命周期，并提供了高效的工作流程，帮助创作者快速实现自己的创意，

在元宇宙中创造出富有想象力的内容。

从娱乐角度来看，Sora 生成的高度生动逼真的视频，为元宇宙的娱乐产业带来了丰富的素材。而在元宇宙科教方面，Sora 通过模拟各种现实场景，为元宇宙教学提供更为生动、直观的教学素材，提升科教的趣味性和效率。

Sora 作为推动元宇宙发展的一个关键技术解决方案，具备改善用户体验、推动内容创作和提供安全环境的潜力。通过先进的交互技术、创作工具和安全机制，Sora 为元宇宙的发展带来了新的希望。然而，尽管 Sora 具备许多优势，但元宇宙的成功还需要整个生态系统的共同努力和各种技术的综合应用。

4.2 多方积极探索产业机遇

人工智能技术作为国际竞争的前沿，推动着各方积极探索产业机遇。Sora 成了培育新兴生产力的重要驱动力，其创新不仅体现在技术方面的突破，还在于其给 AI 的应用环境带来的深刻变革。通过积极探索 Sora 带来的产业机遇，各方能够不断创新实践，拓展应用领域，促进产业发展和转型升级，共同分享技术发展带来的红利和成就。

4.2.1 C 端：独立创作者的黄金时代

当谈到 C 端的产业机遇时，Sora 是一个不可忽视的关键因素。C 端是指消费者市场，在这个市场中，产品和服务直接面向普通消费者。随着互联网和移动技术的迅速发展，C 端产业正在经历着巨大的变革，面临着前所未有的机遇。

首先，C 端创作者可以利用 Sora 快速生成个性化的视频内容，创作专属于自己的创意作品，满足不同用户的需求。这有助于推动个人创意表达和内容生产的多样化发展，同时也促进了数字内容领域的创新和变革。

Sora 还可以通过数据分析和个性化推荐等功能，为企业提供更精准的市场洞察和用户需求分析。通过了解消费者的兴趣和偏好，企业可以更好地定位产品和服务，提高销售额和用户满意度。

其次，作为一个智能助手，Sora 拥有深度学习和自然语言处理的能力，可以理解和回答用户的问题。这使得 Sora 可以成为一个重要的沟通渠道，帮助企业与消费者建立更紧密的联系。Sora 可以提供在线客服、售后支持等服务。借助人工智能技术，Sora 可以实现 24 小时全天候响应和解答用户的问题，为用户提供更便捷、更高效的服务。

除了以上的优势之外，Sora 还可以推动 C 端产业创新和智能化发展。通过与其他智能设备和系统连接，Sora 可以实现智能家居、智能出行等领域的交互和控制，为消费者带来更智能、更便捷和更舒适的生活体验。

然而，虽然 Sora 在 C 端产业中有着巨大的机遇，但也面临着一些挑战。其中一个挑战是用户隐私泄露和数据安全问题。作为一个智能助手，Sora 需要妥善处理和保护用户的个人信息，同时确保数据不被滥用或泄露。

总的来说，Sora 给 C 端产业的发展带来巨大的机遇。作为一个智能助手，Sora 可以通过提供沟通、洞察和服务等方面的支持，为企业和消费者创造更多的价值。然而，Sora 也需要克服隐私和竞争等方面的挑战，才能持续发展并在 C 端产业中取得更大的成功。

4.2.2　B 端：危机中隐藏着机遇

当谈到 B 端产业，我们不得不提及新兴的技术和创新的商业模式。而其中一项备受瞩目的技术，就是人工智能。作为人工智能领域的一大突破，Sora 将会对 B 端产业产生深远的影响。

在 B 端产业领域，短视频的重要性毋庸置疑。传统的视频制作需要耗费大量的人力、物力、财力，而且制作周期较长、流程复杂。但是使用 Sora，只需要输入相应的文字描述或者图片，就能快速生成一段 1 分钟的高清视频，这对企业运营有非常大的助力。

通过深度学习、自然语言处理等技术，Sora 可以帮助企业快速处理大量的数据，并从中提取有用的信息。这使得企业能够更好地了解市场趋势、消费者需求和竞争对手情报，从而做出更准确的决策和战略规划。此外，Sora 还可以使许多烦琐的任务自动化，如数据录入、客户服务和财务报表生成，进一步提高企业的工作效率。

Sora 在安全风险防控方面也有着重要的作用。Sora 可以通过学习安全防控程序和模式识别技术，自动监测和分析大量的数据，发现企业经营过程中潜在的安全隐患和风险。这有助于企业及时采取必要的措施，防止潜在的损失和危害。

Sora 还可以帮助企业实现智能化的生产和供应链管理。通过与传感器和设备的连接，Sora 可以实时监测生产线上的各个环节，并对异常情况进行预警和处理。同时，Sora 可以基于历史数据和实时市场需求，智能调整供应链的规划和物流配送，最大限度地提高生产效率、降低成本。

Sora 能够帮助企业优化客户体验。Sora 可以通过语音识别、自然语言生成等技术，与客户进行实时的交互。不管是提供产品咨询、解答常见问题还是处理客户投诉，Sora 都能够以高效、准确和友好的方式与客户进行沟通。这不仅提升了客户满意度，还帮助企业树立了良好的品牌形象。

作为一种人工智能技术，Sora 对 B 端产业的影响是多方面的。它提高了业务管理和运营的效率，改善了客户体验，实现了智能化的生产与供应链管理，并助力企业进行安全和风险管理。可以说，Sora 为企业提供了一种创新的解决方案，帮助企业在竞争激烈的市场中保持优势。

4.2.3　字节跳动发力剪映：视频编辑走向全民化

短视频的制作和发布现在几乎成为全民化的娱乐方式，上到头发花白的老年人，下到幼儿园的孩子，都会拍视频、发视频。在我国的短视频剪辑软件中，剪映可谓是一个典型的代表。

2024年2月7日，抖音CEO张楠辞去该职位，表示准备集中精力推动剪映的发展。也许正是AI大模型的发展，让字节跳动意识到，未来迎来的将会是视频剪辑的浪潮，毕竟当前短视频的用户量几乎已经到达顶峰。

随着自媒体行业的快速发展，剪映的相关产品也实现了高速增长。截至2021年，剪映的用户活跃量成功突破1亿人，成为国内用户规模最大的视频剪辑软件。这或许是未来视频剪辑的新趋势：视频剪辑全民化。

剪映官方表示，剪映的创作视频脚本、图片成文等功能，能够很好地服务于零基础剪辑视频的用户，大幅度降低视频的创作难度，能够让更多的人参与视频剪辑制作。同时，这也可以帮助专业的视频创作者降低视频制作难度，提高视频制作的效率。

可见，剪映和Sora有着一个共同的目标：提高视频制作的内容质量，降低视频制作的专业难度，提升制作视频的效率。它们都致力于使视频制作变得更加简单，无须复杂的专业技能和软件操作知识，几乎任何人都可以通过简单的文字描述或指令来生成高质量的视频内容。

这种技术的普及可以让更多人参与到视频创作中来，无须专业的编辑技能也能制作出有趣、吸引人的视频作品。同时，文本生成视频大模型还能提高视频内容的生产效率，节约时间和人力成本，推动视频行业的发展和创新。

优秀的剪辑工具对于视频制作而言是锦上添花般的存在，但是，真正使视频变得有力量的还是视频的内容。当前视频制作存在的普遍现象是缺乏创意、视频内容质量不高。

因此，视频制作难度的降低，并不意味着视频制作的门槛下降，反而因为越来越多人的加入，让视频制作变得更"卷"。创作者若想脱颖而出，拥有高质量的视频内容是制胜的法宝。

4.3 清晰、严谨的产业链

当上游的芯片、AI 服务器、光通信，中游治理与大模型研究的企业和下游应用 Sora 的企业都紧密相连、环环相扣，Sora 便打通了 AI 产业链每一个环节。它除了致力于数据的收集、整理和分析以外，还包括训练模型和部署，甚至还涉及硬件的支持以及高性能的计算资源。这表明无论处在哪一阶段，Sora 都能给予用户强劲的支持和服务。

4.3.1 上游：AI 芯片、AI 服务器、光通信等

作为一个具有全球影响力的企业，OpenAI 推出的 Sora 在 AI 芯片、AI 服务器和光通信等领域取得了显著的成就。

AI 芯片是 AI 技术发展的关键推动力之一。OpenAI 作为一家专注于 AI 技术研究的公司，在 AI 芯片领域积极投入资源，致力于研发高性能、低功耗的芯片解决方案。优秀的 AI 芯片能够提供强大的计算性能和处理能力，为模型训练和推理提供必要支持。

目前，OpenAI 已经成功研发出多款应用于不同场景的 AI 芯片（如图 4-1 所示），并与合作伙伴共同构建了稳固的供应链。这些 AI 芯片的问世，为各行各业的 AI 应用提供了强大的技术支持。

图 4-1 芯片

AI 服务器是支撑大规模 AI 计算的基础设施。OpenAI 在 AI 服务器领域拥有丰富的经验和技术实力，其自主研发的 AI 服务器产品具有强大的计算能力和优良的稳定性，为 AI 算法的快速训练和推理提供了可靠的硬件保障。

Sora 采用的 AI 服务器可以储存大量的数据以及数据模型。此外，Sora 还与云计算服务商合作，提供定制化的 AI 服务器解决方案，满足不同客户的需求。

光通信产业链加速 AI 时代的数据传输。光通信产业链扮演着连接 AI 设备和数据中心的关键角色。Sora 积极进行光通信产业链的布局，通过研发高速、高带宽的光通信技术，加速了大数据在 AI 时代的传输速度和效率。

光纤网络、光通信器件等设备是连接 AI 服务器和用户的重要桥梁，能够快速传输海量数据，保障文本生成视频大模型的高效运行和交互体验。Sora 的光通信产品不仅应用于数据中心的互联，还广泛应用于移动通信、物联网等领域，推动了整个通信行业的发展。

OpenAI 在 AI 芯片、AI 服务器和光通信产业链等领域的发展，不仅推动了人工智能技术的进步，还推动了整个科技行业的发展。通过不断创新和跨界合作，OpenAI 致力于打造更智能、更便捷和更高效的科技生态系统。相信在不久的将来，OpenAI 将继续引领 AI 产业的发展，为人类社会带来更多惊喜和变化。

4.3.2　中游：致力于大模型研究的企业

中游企业在 Sora 产业链中发挥着重要作用，他们致力于进行大模型研究。所谓 Sora 产业链，是指以开源项目 Sora 为核心的一系列与之相关的产业和企业，涵盖了硬件、软件、应用等多个领域。而中游企业则处于整个产业链的中间环节，既不直接面向终端用户，也不针对具体产品或应用，而是专注于技术研发和创新。

中游企业的主要任务之一是进行大模型研究。大模型能够模拟真实世界中的复杂情景，通过对海量数据的处理和分析，为决策提供科学依据。在 Sora 产业链中，大模型研究涉及人工智能、数据挖掘、机器学习等领域。

Sora 产业链的中游包括人工智能研究机构、数据科学公司、技术创新企业、计算机视觉公司等。其中，人工智能研究机构专注于人工智能领域的研究，包括自然语言处理、图像识别等，致力于开发和优化 Sora 的算法和技术。

数据科学公司专注于数据分析和挖掘，通过深度学习和机器学习技术，研究大规模数据集的处理方法，为 Sora 提供数据支持和优化方案。

技术创新企业专注于人工智能技术的创新和应用，不断探索新的模型架构、训练方法和推理优化策略，以提升 Sora 的性能和效率。

计算机视觉公司致力于图像和视频处理技术的研究，通过将计算机视觉技术与自然语言处理相结合，探索 Sora 在视觉内容生成领域的应用潜力。

这些中游企业在 Sora 产业链中扮演着关键角色，他们的研究和创新推动着整个产业向前发展，促进大模型在视频内容生成领域的广泛应用和发展。

总之，中游企业在 Sora 产业链中承担着重要的角色，通过投入大量的资源和人力，它们能够构建强大的数据处理与存储系统，并积极进行合作与创新。中游企业的努力将为 Sora 产业链的发展提供坚实的支撑，推动整个行业向前发展。

4.3.3　下游：涉及 Sora 应用的企业

作为一种基于人工智能技术的视频处理和生成技术，Sora 在各个行业中展现出了巨大的应用潜力。在 Sora 产业链中，涌现出一批聚焦 Sora 应用这一方向进行发展的企业。

（1）视频编辑与制作平台。这些平台提供了专业的视频编辑和制作工具，使用户能够快速、高效地进行视频编辑和制作。这些平台通过引入人工智能技术，提供了丰富的视频特效、滤镜、字幕等功能，大幅提升了视频编辑和制作的效率和质量。

（2）视频内容分发平台。在 Sora 产业链下游，为了将优质的视频内容传播给更多的用户，视频内容分发平台起到了重要的作用。这些平台通过运用 Sora 技术，实现了视频内容的高效传输和分发，为视频内容提供了更广阔的传播渠道。

（3）智能推荐系统提供商。面对海量的视频内容，用户选择困难，而智能推荐系统则能够根据用户的偏好和行为，为其推荐更精准、更个性化的视频内容。这些企业通过利用 Sora 技术对用户的行为数据进行分析和挖掘，不断优化推荐算法，为用户提供更好的体验。

（4）视频版权保护服务提供商。随着视频内容的快速传播，版权保护变得尤为重要。这些企业致力于开发和应用 Sora 技术，提供有效的版权保护解决方案，帮助视频内容创作者保护自己的权益，防止盗版和侵权行为。

Sora 产业链下游涉及 Sora 应用的企业在 Sora 生态系统中发挥着重要的作用。视频编辑与制作平台、视频内容分发平台、智能推荐系统提供商及视频版权保护服务提供商等企业通过引入 Sora 技术，为用户提供了更高效、更优质的视频制作和观看体验。

随着 Sora 产业不断发展，相信这些企业将进一步创新和完善自身的服务，推动整个产业链迈向更加成熟的阶段。

第 5 章

战略布局：Sora 机遇属于先行者

管理学之父彼得·德鲁克曾表示，战略不是研究未来做什么，而是研究现在做什么才有未来。Sora 的问世带来了很多的可能性和多方面的机遇，如何提前进行战略布局，如何抓住风口实现快速发展，成为很多有识之士积极思考、高度关注的问题。

5.1 资本进入：如何抓住 Sora 机遇

在 Sora 发布前后，阶段性投资和产业发展机会凸显。短时间内，已经有不少资本、产业和企业迅速出手，从 AI 短剧、算力、Sora 付费课程等方面出发，把握风口，抢占红利，抢抓发展机遇。

5.1.1 AI 短剧是当下新风口

近几年，短剧如雨后春笋般涌现，例如，短剧《逃出大英博物馆》屡屡登上微博热搜、短剧《无双》上线 8 天便获得上亿元的收益。这些都体现了短剧已经成为当下热点，用户对短剧有旺盛的需求。

短剧兼具短视频与长视频的优点：一是播放节奏快，以夸张的开头吸引用户的注意；二是剧情具有连贯性，短剧的各集连起来能够组成长视频，引人入胜。在这种情况下，短剧市场十分火热。例如，海外短剧平台 Reelshort 推出的短剧作品 *Fated To My Forbidden Alpha* 在 TikTok 获得了超高播放量，该平台还夺得了美国 iOS 娱乐榜的榜首。

但是短剧也存在许多缺陷，如拍摄成本过高、内容缺乏深度、产出不稳定等。在这种情况下，AIGC 为解决这些问题提供了新的思路。

一方面，AIGC 具有高效的生产能力，能够降低短剧的制作成本；另一方面，短剧市场已经趋近成熟，拥有标准的创作模式和拍摄流程，为 AI 生成短剧创造了条件。以国内 AIGC 企业 CreativeFitting（并英科技）为例，它的产品偏向对情节类短剧进行一定程度优化，从音频中分析并提取角色的表情特征并使音频与情感表达保持一致。

而且，CreativeFitting 的商业模式对创作者很友好，不仅不向创作者收费，还会将创作者创作的短剧投放在 AI 短剧平台上，以付费观看和广告的形式进行收费并部分返还给创作者。

有意思的是，短剧赛道无论在国内还是国外都十分火热，因而，这一赛道十分适合进行全球扩展。而就目前短剧的发展情况而言，未来的发展肯定会与 AI 技术息息相关。AI 能够为短剧行业的快速发展提供更多的技术支持，使短剧出品速度更快、质量更加稳定。但是 AI 毕竟还处于发展阶段，成熟度和各项功能不足，因而，在短剧上还无法完全代替人类进行创作。因此，AI 短剧的创作过程需要创作者和 AI 的双重介入。

总之，AI 短剧已经展现出巨大的发展潜力，吸引许多企业加入，同时也吸引了许多创作者和用户。AI 短剧已经成为当下新风口，引发了内容平台的革新。

5.1.2　算力需求暴涨背后的机遇

随着人工智能不断发展，大模型的参数一再提高，使得算力需求暴涨。这为 AI 芯片与服务器行业带来了巨大的机遇，引得科技巨头纷纷入局。

截至 2023 年年末，全球算力竞争激烈。半导体企业 AMD 于 2023 年 12 月 7 日推出了 AI GPU 加速器 Instinct MI300X，能够提高大语言模型运行时的吞吐量，优化其延时表现；英伟达发布了名为 "Grace" 的 AI 芯片，其搭载了突破性的存储和计算技术，能够提升人工智能的数据处理速度，更加高效地处理人工智能计算任务。此外，微软、英特尔、特斯拉等企业也推出了 AI 芯片。

而在这样的情况下，算力缺口仍然存在。根据有关机构统计，英伟达在 2023 年第三季度售出了将近 50 万个 A100 和 H100 GPU。英伟达 H100 GPU 供不应求，交付周期一再延长。

Meta、微软是英伟达的大客户，各采购了 15 万个 H100 GPU，在采购数量上远超亚马逊、谷歌、腾讯等企业。根据有关机构的预测，大量购买英伟达 H100 GPU 的企业都在为自研芯片做准备。而微软、Meta 大量购入 H100 GPU 可能只是一个开端。

随着 Sora 大模型的推出，算力缺口将会进一步扩大。Sora 大模型延续了 GPT 模型的技术路径，仍需要大量的数据、大规模的参数和强大的算力作为支撑。作为 AI 文生视频大模型，其进行视频训练所需的数据量远远超过文本训练所需的数据量，因此算力缺口进一步扩大。

Sora 将会带动 AI 文生视频大模型市场高速发展，进一步推动算力需求暴涨。在算力缺口明显扩大的情况下，算力企业能够获得大量发展机会，拥有广阔的发展前景。

5.1.3　越来越火爆的 Sora 付费课程

虽然 Sora 的使用大门还未完全打开，但是网络上已经涌现出许多与 Sora 有关的付费课程了。"普通人如何运用 Sora 赚钱""大模型时代，Sora 是普通人最好的逆袭机会"……很多吸引眼球的文章在网络上涌现，网络上掀起了一股讨论 Sora 的风潮，与 Sora 有关的内容迅速走红，带有 Sora 关键词的付费课程越来越火爆。

即便 OpenAI 还没有对外开放 Sora，但这并不影响 Sora 付费课程的火爆。Sora 付费课程的火爆其实得益于信息差、焦虑情绪等因素。在当下的消费时代，许多用户利用"知识付费"来对抗神秘主义，而充满未知的 Sora 则是卖课商家最好的助攻。

普通用户在拥抱新技术的同时应该保持警惕。市场上的许多课程都是东拼西凑、毫无水准，并不能帮助用户系统性地学习 AI 技术。为了卖课，许多商家过分神化 AI 技术，对 AI 技术十分吹捧，而对各类质疑则视而不见，拒绝正面做出回应。

作为一个通用的 AI 文本生成视频大模型，Sora 应当操作简单、便于上手，而不是有很高的门槛。可能会有许多没有接触过 AI 的用户在 Sora 的冲击下手足无措，这类用户可以先保持观望态度，对其优劣势进行详细的了解后，再考虑是否需要学习相关课程。

虽然 AI 时代的到来引发了许多变革，但是颠覆性的变革不会突然发生。与其通过学习 AI 实现飞跃，不如从基础做起提高自身能力，这样更容易获得成功。

5.2　在 Sora 领域布局的核心问题

Sora 既带来了一场科技领域的狂欢，也带来了许多争议。想要在 Sora 领域布

局，企业需要对 Sora 进行全方位的了解，明确 Sora 的效益来源等核心问题，有策略地开展工作。

5.2.1　Sora 的效益来源在哪里

随着科技的不断发展，AI 技术逐渐渗透我们的生活，提高了我们的生活质量。作为一款 AI 文生视频产品，Sora 是如何实现盈利的呢？

总体来看，Sora 的效益来源主要有 3 个。

（1）与广告商合作，打造定制化视频。Sora 能够利用视频生成能力为企业或者品牌打造宣传视频。Sora 能够与广告商合作，将广告融入视频中，收取广告费用。此外，Sora 还能够为企业提供定制视频服务，如品牌宣传片、文化传播视频等，从而获得盈利。

（2）订阅服务与高级功能。为了使更多用户体验视频制作功能，Sora 推出了订阅服务，为订阅用户提供专属视频模板、高质量视频生成等高级服务。用户支付一定的费用可以获得更优质的视频制作体验，而这会给 Sora 带来一定的收入。

（3）开放 API 与合作伙伴生态。Sora 开放 API，吸引更多开发者在其平台上进行应用开发，不仅能够丰富 Sora 的生态，还能够与其他开发者进行技术合作，提升实力并获得分成。

总之，Sora 的盈利来源很丰富。相信在 OpenAI 的探索之下，其能够打造更多以 Sora 为基础的应用，提高用户的生活、工作质量。

5.2.2　小心，不要让 Sora 成为"韭菜收割机"

在 OpenAI 推出 Sora 后，互联网上出现了许多与 Sora 有关的付费课程。但是这些付费课程的质量良莠不齐，有炒作嫌疑。

在科技界，与人工智能相关的技术一直是热点。在各个企业、机构争先恐后在人工智能领域进行投入的背景下，用户只能从各类新闻中了解人工智能的重要性。这给了一些心术不正之人可乘之机。

虽然有许多大模型向用户开放，但是这些大模型大多数处于测试阶段，还未大面积投入使用，使用门槛相对较高。例如，文本内容智能生成大模型很多，但是仍未大面积投入使用。

很多企业一直在探索大模型，往往只将大模型用于展示或测试。因此，一些公开承诺效果的 AI 课程的质量有待验证。

许多 AI 相关课程只是利用热点吸引一些普通用户，对于课程的质量、概念是否能够落地等，销售人员并不会考虑。

人工智能的发展与普及自有其节奏。人工智能没有迅速普及主要有两个原因：一是其技术处于不断优化中，还不具备落地的条件；二是在技术还没有完善的情况下，相关技术人员只能逐步推进技术落地。

在技术人员谨慎前行的同时，销售人员却打着人工智能的旗号以低质量的内容吸引用户。这不仅对技术人员不公，还会消耗用户的信任，对未来人工智能的普及造成阻碍。

在一些推荐 AI 课程的视频中，销售人员鼓动技术与人类对立，发表了"人工智能即将取代以下几类职业""这些职业将被人工智能淘汰"等言论，引起用户的焦虑和恐慌。从长期来看，这些相对极端、不负责任的言论有可能撕裂用户对人工智能的信任。

总之，在人工智能高速发展的背景下，用户需要正确认识 Sora 等技术，而不是被一些不法分子以 Sora 的名义炒作。

5.3 Sora 发展热潮下的战略"冷思考"

Sora 出现使得各类企业对生成式 AI 的前景更加期待。不可否认，Sora 已经成为生成式 AI 发展历程中的里程碑事件，但是企业也需要有清楚的认知：Sora 带来的冲击远没有想象中的那么大，热潮之下的未来趋势，需要进行"冷思考"。

5.3.1 对复杂场景的模拟能力亟待提高

Sora 存在许多优点，但是也存在一些不足，如对物理规则的理解不足。例如，在一个吹蜡烛的视频中，蜡烛并没有被吹灭；在一个玻璃杯掉在地上的视频中，玻璃杯中的水流出，但是玻璃杯没有碎裂。

对于这些不足，OpenAI 坦然承认 Sora 对复杂场景的模拟能力亟待提高，还不能够理解复杂的因果关系。

上海交通大学人工智能研究院副教授王韫博认为，Sora 在模拟真实世界方面还有很大的提升空间。虽然其能够搭建逼真的场景，但是其还未完全理解物理规则。

依照 Sora 目前展现的能力来看，其距离成为世界模型还有一段距离，但是 Sora 的诞生证明：机器可以通过大量的数据训练窥探物理规则。因此，Sora 无疑是机器模拟现实世界的里程碑事件。

5.3.2　Sora 爆火背后的 AI 伦理挑战

从大语言模型 ChatGPT 到能够根据文字自动生成视频的 Sora，AIGC 在获得突破性发展的同时，也引发了许多质疑和忧虑。例如，Sora 爆火的背后是 AI 伦理挑战。Sora 生成的视频十分逼真，这有利有弊：一方面，其可以推动许多行业的发展，实现降本增效；另一方面，其可能会被滥用，用于造假、欺骗用户等。

Sora 出现意味着 AI 已经提升到一定的高度，但是这十分考验人们的监管能力。如果不能对 Sora 进行有效的监管，那么可能会出现一些大众不想看到的结果。

联合国教科文组织发布的一个文件，里面提到了推进 AI 发展的 11 条原则；许多国家也发布了关于 AI 伦理规范的文件；一些企业做出表率，制定了相关规范。

AI 的发展十分迅速，监管可能存在滞后性。此外，伦理问题十分复杂，各个国家和地区之间的标准不同。部分规定就像空中楼阁，不具备可操作性，难以落地。因此，相关部门应该细化相关规定，加强审查和监管，确保 AI 被用于推进人类社会发展的正途，而不是对人类社会的发展造成威胁。

5.3.3　不可忽视的侵权风险

虽然发展 AI 技术的初衷在于改善人们的生活，但随着 AI 不断发展壮大，大量前所未有的问题逐渐出现，其中包括许多不可控的风险，如侵权风险。

2024 年春节期间，很多由 AI 技术生成的卡通图片风靡朋友圈，受到了许多用户的喜爱。AI 生成图片技术已经投入使用，用户只需要输入一段文本便可以获得相应的图片。但是，从另一个角度来看，这有可能造成侵权。

如果用户想要使用其他人的作品，就需要付费，否则有可能造成侵权。侵权行为在自媒体行业十分普遍，许多自媒体经常未经许可使用他人的作品，造成侵权。而 AI 生成图片技术在一定程度上也会引发侵权行为。AI 生成的图片是经过大量数据训练后生成的作品，可能会侵犯用于训练的作品创作人的权益。此外，AI 生成图片的门槛较低，没有专业背景或相关经验的人也能够利用 AI 进行创作，那么生成的图片的归属权属于谁呢？这些都是有待商榷的问题。

虽然 Sora 目前还没有正式对外开放，但是一些业内人士已经看到了其存在的一些漏洞和被滥用的风险。OpenAI 坦然承认，Sora 有生成虚假、有害内容的风险。

随着 Sora 逐步开放使用，网络上必将出现许多高质量的视频内容，但并不是所有人都会注意到侵权问题。对此，OpenAI 回应其将会与全球的教育从业者、政策制定者等进行沟通，了解人们的想法并制定对策。

虽然以 Sora 为代表的 AI 生成产品拥有许多需要改进的地方，但是其对 AI 行业做出的贡献是不可忽视的。Sora 的出现使许多 AI 从业者和科技企业十分兴奋，共同盼望和推动着新时代的到来。

5.3.4 爱奇艺等平台的市值会不会受影响

"输入一部小说，还原一部电影"。在 AI 文字生成视频的大模型出现后，这不是科幻，而是即将变成现实。Sora 一出现就引起了许多影视行业从业人员的关注，有人惊呼"Sora 要革影视行业的命"。在 Sora 来势汹汹的情况下，其会对爱奇艺等影视平台造成怎样的影响呢？

Sora 会利用技术消解内容平台话语权。如今的视频内容主要分为两类：一类是以流量热点为主的短视频；另一类是对质量要求较高的长视频。

Sora 能够生成 1 分钟的视频，与短视频高度契合，因此，Sora 在短视频赛道会获得很好的发展，对短视频领域产生影响。但是 Sora 影响最深远的一定是长视频领域。长视频领域的工业成熟度很高，具有完整的产业链，包括导演、编剧、平台等。而 Sora 可能对长视频领域的产业结构产生影响。

Sora 的出现意味着人们无须再钻研 PR（Adobe Premiere Pro，视频编辑软件）、

AE（Adobe After Effects，图像处理软件）等软件，仅需利用 ChatGPT 生成视频脚本，再利用 Sora 生成视频内容即可，有效缩短了视频制作周期，降低了视频制作成本。

而以爱奇艺为代表的视频平台在内容制作方面付出的成本一直很高，2022 年爱奇艺的内容生产成本为 130 亿元，2023 年的内容生产成本为 126 亿元，而其 2022 的净利润是 -1.36 亿元，2023 年的净利润是 19.25 亿元。如果爱奇艺的内容制作成本降低，那么其利润空间将会扩大。

但是成本对于以爱奇艺为代表的视频平台而言，不仅是负担，还是保护。如果在某一阶段爱奇艺有爆款电视剧上线，那么其广告、会员等收入将会上涨。一旦爆款电视剧的播放期结束，其业绩就会下降。这意味着视频平台只有花费大成本制作爆款剧集，才能实现业绩上涨。观看视频的用户往往缺乏忠诚度，其付费行为往往跟随着优质剧集迁移。因此，对于爱奇艺等视频平台而言，投入的成本也是一种保护。

此外，对于爱奇艺等视频平台而言，投入的成本也是生成优质长视频的门槛。长视频的制作成本高昂，制作优质的长视频需要有强大的团队和大量的资金投入。以电影为例，想要制作一部优质电影，需要编剧、导演、演员和拍摄团队经过几个月甚至几年的共同努力，这就是制作壁垒。

而 Sora 将会打破这种壁垒，推动长视频进入一个平等的创作时代。例如，一位用户如果拥有一个优质剧本，就可以利用 Sora 生成长视频，使长视频创作成本和创作门槛降低。

在这种情况下，爱奇艺等视频平台会面临更加激烈的市场竞争，市场上优质的长视频越多，产出爆款长视频的难度越大。从爆款长视频的数量而言，影视行业每年的爆款长视频数量并不多。这是因为长视频的生产成本高、周期长，整个行业的产出能力欠缺。

而 Sora 投入使用后，将会改变行业现状。影视行业的优质长视频数量将会增加，平台之间的竞争将会更加激烈。

除了成本之外，Sora 的出现还会使爱奇艺等视频平台面临一个问题，即如何收取会员费用？

在长视频创作门槛降低、创作质量提升的前提下，优质长视频的竞争会日趋激烈，那么高昂的会员费用的时代将落下帷幕。用户往往是跟随优质长视频进行迁移的，那么长视频的创作门槛降低，意味着长视频流量即将走向去中心化。当用户不再局限于在爱奇艺等视频平台上观看长剧，爱奇艺等视频平台又如何进行商业变现呢？

所幸 Sora 目前仍处于早期发展阶段，对长视频创作领域的影响还有限。但是，可以预见的是，随着技术的快速发展，Sora 可能很快就会进入下一阶段。那时，爱奇艺等视频平台该何去何从呢？

对于爱奇艺等视频平台而言，Sora 确实会对它们造成影响。作为长视频平台，爱奇艺等视频平台的市值增长空间有限，行业外部影响因素很多，整个产业前景不明朗。也就是说，爱奇艺等视频平台的未来充满了不确定性。

下　篇

Sora 的场景赋能

第 6 章

Sora+影视：内容生产模式变革

Sora 将会给影视行业带来冲击，引发内容生产模式变革。作为 AI 生成视频模型，Sora 能够有效降低视频制作的门槛。这预示着，未来可能会有大量优质视频高效产出，真正实现大众化的高水平视频制作。

6.1 Sora 对影视领域将产生什么影响

Sora 对影视领域主要有 3 大影响：一是影视制作壁垒将会受到冲击；二是影视制作分工将会被重塑；三是明星效应将走向"冷静"阶段。

6.1.1 影视制作壁垒受到冲击

Sora 使影视制作壁垒受到冲击。在 Sora 的帮助下，用户仅需提供一段文字便能够生成一部作品，影视制作壁垒和独断性将会被打破。而拍摄、添加特效等工作有很大概率会被 AI 取代。在这种情况下，影视行业从业人员十分焦虑。

　　一位入行近 20 年的影视行业从业者认为，Sora 能够生成优质视频，缩短电影拍摄的周期。Sora 会给影视制作行业带来冲击，而大部分影视行业从业者还没有做好准备应对冲击。

　　一位电影特效从业者认为，Sora 生成的视频的质量很高，可以用于制作短剧与网剧，即便有一些瑕疵，也能够及时修复。在光影效果方面，Sora 也处理得很好，只需对视频进行调色，便足以应对大部分的电影要求。这对电影行业的冲击很大。如果 Sora 应用于影视制作，那么将会产生颠覆性的影响，提升影视内容制作效率、改变制作形式，缩短制作周期。

　　总之，在 Sora 的介入下，影视制作壁垒将会受到冲击。许多有才华的人能够利用 Sora 制作出有创意的视频，一些影视制作平台将会退出市场，而一些新型平台将会出现。

6.1.2　影视制作将重新分工

　　Sora 横空出世引发了许多影视行业从业人员的担忧。Sora 或许对影视制作企业的影响不大，但对影视行业从业人员的冲击很大，一些工种可能会消失，而一些新的工种会诞生。

　　受 Sora 影响最大的可能是广告影视。与电影相比，广告影视更偏向于在短时间内后期制作吸引人的广告。而 Sora 出现后，传统广告影视拍摄方式将会改变。

　　一条原始素材的诞生需要一个剧组的共同努力，包括导演、编剧、摄像等，但是未来 AI 将会取代这些职业。剧组需要的服装、化妆、道具、灯光等往往价格高昂，但是在 Sora 介入后，将不再需要上述工作，因此制作成本会降低。随着制作成本的降低，市场将进一步收缩，许多从业者的就业机会也会消失。

　　但同时，也会产生许多新的职业，如 AI 拍摄、AI 剪辑等。可以说，工具并不会取代人类，但是能够使用新工具的人可能会取代使用传统工具的人。从技术

变迁的角度而言，这已经是司空见惯、屡见不鲜的事情了。

6.1.3 明星效应走向"冷静"阶段

许多影视都由热度相对较高的明星出演，利用明星效应提高其影响力。但是明星效应是一把双刃剑，在吸引用户的同时，可能导致影视的质量被忽视。例如，某个老戏骨与新生代演员的合作本应是某部电影的一大看点，但是观众并不在意电影的内容，更在意这两位演员的形象。此外，明星"塌房"事件众多，可能会对影视剧造成负面影响。

而 Sora 可以有效解决影视热度严重依赖明星的问题，明星效应将走向"冷静"阶段。Sora 能够生成生动活泼、栩栩如生的虚拟数字人。虚拟数字人的表情、动作与真人无异，可以取代真人演员演戏。以虚拟数字人取代明星，能够有效降低影视制作成本。制作团队能够将资金用于剧本打磨、拍摄细节等方面，创造出更多高质量作品。

明星"塌房"导致上亿元的投资"打水漂"、反噬代言品牌的事情屡屡发生，而使用 AI 生成的虚拟数字人，可以避免"塌房"造成的损失，规避风险。

6.2　Sora 带给影视领域的机遇

影视行业历经百年沧桑，经历了许多技术革新。而在 Sora 出现后，影视行业迎来一个前所未有的发展契机，对此，影视行业应牢牢把握机会，实现创新，大力发展影视生产力。Sora 在影视行业能够应用于再现历史故事、特效生成、影视修复等方面，并推动影视行业朝着创新的方向迈进。

6.2.1 历史故事以视频的形式再现

短视频已经成为用户获取信息、进行娱乐的重要方式，而利用 AI 技术制作而成的历史故事短片获得了大量用户的欢迎。在社交网站上，一个名为 Stellar Sagas 的账号为用户提供了许多历史故事短片，使用户获得了情感共鸣和视觉享受。Stellar Sagas 拥有超过 40 万名订阅用户，可见其受欢迎程度。这也在一定程度上凸显了 AI 生成历史故事视频的价值。

AI 生成的历史故事视频往往具有引人入胜的情节和精美的画面，能够为用户带来沉浸式的体验，能够满足用户对历史故事的好奇，还能够以更加有趣的方式对历史故事进行宣传。

例如，优酷与西安元素视界共同推出国内首部历史 AI 动画片《战神·英雄崛起》（如图 6-1 所示），获得了大量好评。口碑的持续发酵不仅彰显了相关文案工作者的持续创新与卓越创意能力，更展现了利用 AI 技术进行视频生成与动画制作的显著优势。这种技术的运用，极大地提升了工作效率，为影视制作带来了革命性的变革。

图 6-1 《战神·英雄崛起》人物

优酷与西安元素视界利用 AI 技术打造全新文化领域产品，试图将纪录片、历史和 AI 3 个元素相结合。《战神·英雄崛起》是一部历史动画片，主要讲述了韩信、卫青、霍去病等众多英雄人物的传奇历史故事，打破了真人或者传统动画演绎故事的方式，以视觉表达力更强、更吸引人的画面来宣扬历史文化。

随着 Sora 投入使用，影视领域将会发生重大变革。在 Sora 出现后，借助视频讲述历史故事将会变得更加简单。Sora 能够根据历史故事直接生成相应的视频，有效提高视频制作效率，而且这样的方式也能够引起更多用户的兴趣。

6.2.2　特效可以直接依靠 Sora 生成

在 Sora 诞生前，影视行业已经开始探索如何将 AI 技术应用于影视行业，实现特效生成。

例如，古装探案剧《大唐狄公案》便应用了 AI 技术。《大唐狄公案》的第一季出现了一座气势恢宏的古建筑——长安城，这便是由 AI 生成的。之所以选择利用 AI 生成长安城，是因为国内没有完整的长安城实景，而传统特效无法满足其在精美度、流畅度等方面的要求。因此，优酷与阿里大文娱展开合作，使用 AI 生成长安城。

根据史书记载，阿里大文娱还原了长安街道、砖瓦颜色、楼宇风格等。传统特效制作往往需要 1 个月才能完成，而 AI 仅需 10 天便可以完成，画面十分逼真，而且能够解决传统特效制作"远景虚，近景假"的问题。

Sora 诞生后，影视行业可以使用 Sora 进行特效生成。与 Sora 生成的视频相比，《大唐狄公案》的长安城主要集中于大全景，缺乏细节与人物刻画。而Sora 可以解决这些方面的问题，打造更加精致的特效，为用户带来更加逼真的观看体验。

6.2.3 影视修复：智能修复影视剧集

AI技术能够应用于影视修复，实现影视剧集的智能修复。影视拥有漫长的发展历史，从1839年摄影术的发明，到1895年第一批影片的诞生，再到数码摄像机、数码相机、手机的出现，影视一直在记录人类社会的方方面面，留住美好瞬间。

然而，历史影视在清晰度、完整性、色彩等方面存在很多问题。为了能够更好地保护、呈现、还原历史影视，使用户更好地回味和观看历史影视，许多企业开始利用AI进行影像修复，使影像变得更清晰。AI影视修复主要有以下几点优势，如图6-2所示。

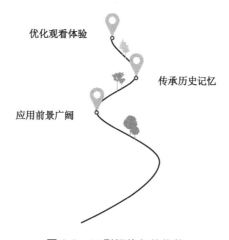

优化观看体验

传承历史记忆

应用前景广阔

图6-2　AI影视修复的优势

（1）优化观看体验。优酷于2017年启动了"高清修复计划"，对多部影视剧进行了修复，使影视剧的分辨率达到4k水平。优酷修复的剧集包括《唐伯虎点秋香》《新白娘子传奇》等。其中，《新白娘子传奇》的整体画质较为模糊，通过大量工作，实现了对人脸等的修复，改善了模糊画面，补充了人物细节，有效提升了用户的观剧体验。

（2）传承历史记忆。由于技术限制，1953 年到 1958 年的阅兵式影像素材均为黑白影像。为了能够更好地还原阅兵盛况，修复团队利用腾讯的"光影焕新"智能影像修复平台对这些影像进行有针对性的处理，实现了视频上色和色彩还原。AI 影视修复技术能够有效传承历史记忆，使用户能够更清楚地了解历史。

（3）应用前景广阔。随着视频创作工具的丰富，用户在观看视频之余也可以进行视频创作。但拍摄设备的硬件水平低、二次创作造成的素材质量损伤等因素，会对视频画质产生影响。为了能够呈现更加清晰的视频效果，快手音视频技术团队利用 AI 技术打造了"快手质臻影音"，尽可能地实现影像的智能修复。

总之，AI 技术应用于影视修复，能够有效实现降本增效，提升修复效果和质量。而 Sora 的出现，无疑为影视修复行业提供了更为强大、智能的工具，能够有效增强和拓展 AI 影视修复能力，复原更多经典影视作品。

6.3　新影视：从开发到后期都被变革

Sora 将会给影视行业带来新变化，这将贯穿影视诞生的始终。简单来说，在开发阶段，Sora 能够根据剧本生成视频；在拍摄阶段，Sora 能够自动生成微短剧；在演员方面，Sora 可以生成虚拟数字人，避免"塌房"；在后期制作方面，Sora 能够实现无缝转场和影视特效生成，降低后期制作难度。

6.3.1　开发：根据剧本设计视频，吸引投资

Sora 应用于影视行业，能够改变影视项目的开发环节，而且其能够根据剧本设计视频，进行创意呈现，吸引投资。

对于一些原创编剧或者拥有原创剧本的导演而言，出售剧本或者拉投资时，往往需要利用短片展示自己的价值。如果原创编剧需要出售剧本，可以通过向企业投递剧本、参加创投会、熟人推荐等途径。但如果该编剧是一名新人，那么其可能没有这么丰富的途径。对此，新人编剧可以利用短片快速抓住投资人的心，例如，可以利用 Sora 生成一个宣传自己的剧本的短片，吸引投资人的注意。

编剧和导演参加创投会，呈现自己的剧本的传统方式是口述与 PPT 相结合。因为实拍成本过高，往往需要 10 万元以上。而如果利用 AI 进行短片制作，便可以避免这一问题。编剧和导演可以利用 Sora 生成概念短片，不仅节约了成本，还使得剧本的展现更加直观。

在 Sora 的帮助下，影视行业内部策划项目的物料会更加丰富。当团队进行项目策划时，可以利用 Sora 生成短频并将其作为内部资料，更加直观地展示创意、体现能力，吸引关注和目光。

6.3.2　拍摄：自动生成微短剧，缩短拍摄周期

在微短剧拍摄过程中，Sora 也能够起到十分重要的作用。基于文本生成视频的能力，Sora 能够自动生成微短剧，缩短拍摄周期。

早在 Sora 诞生之前，就有许多企业尝试利用 AI 技术生成短视频。例如，中央广播电视总台利用 AI 文生视频技术打造了中国首部 AI 动画《千秋诗颂》，如图 6-3 所示。借助 AI 技术，《千秋诗颂》展现了独特的中国美学。

《千秋诗颂》使用了 AIGC 技术，包括可控图像生成、文本生成视频等，从场景设计到动态效果，都十分完美，是技术与艺术结合的典范。

与传统动画制作相比，《千秋诗颂》使用 AIGC 技术有效提高了制作效率。在同等预算下，《千秋诗颂》如果按照传统动画制作方法，需要 8 个月，但使用 AIGC 技术后，制作周期缩短至 4 个月。在 AIGC 技术成熟后，制作周期将会再度缩短。

图 6-3 　《千秋诗颂》

　　在 Sora 诞生后，AIGC 在影视行业的应用将会更加频繁。目前，Sora 能够根据文字生成许多场景和长达 1 分钟的视频，并保持了视频中主角和背景人物的一致性，还能够实现多角度镜头切换等。1 分钟的高质量视频，充分展现了 Sora 适应微短剧拍摄的优越性，不仅能有效缩短拍摄周期，提升制作效率，还能推动微短剧迅速发展。

　　Sora 出现，标志着 AI 在文本生成视频领域实现了全新的突破。这一技术将会引发新的革命，为影视行业带来新的发展契机。

6.3.3　演员：设计虚拟演员，不"塌房"

　　随着漫改剧《异人之下》的热播，一则消息引起了大众的关注：异人之下的二壮居然是 AI 生成的虚拟演员。许多用户在震惊之余也表达了对虚拟演员演技的赞赏。

　　这位虚拟演员名为厘里，如图 6-4 所示。虽然是虚拟演员，但是其演技不输真人演员，用户可以看见其表情变化和眼神交流。在全景镜头下，虚拟演员的光影效果与真人演员毫无差别。其实，这并不是厘里第一次出现在众人面前，其曾经作为品牌形象大使，与英特尔、华为等品牌进行合作。

图6-4　虚拟演员厘里

　　虚拟演员的出现并不稀奇，在以元宇宙为主题的微短剧《神女杂货铺》中，也出现了虚拟演员果果。

　　这些虚拟演员的出现并不是偶然，而是顺应了时代的潮流。对于观众而言，只要出品方运营得当，虚拟演员"塌房"的概率极低，不会对影视剧的播出造成影响。对于影视剧出品方而言，其无须关心虚拟演员的身体状况，虚拟演员不会因为身体原因而随时请假。这将有效缩短影视剧的制作流程，并节约拍摄成本。

　　与真人演员相比，虚拟演员价格更低。虚拟演员能够有效降低制作成本，提高制作效率。尤其是 Sora 出现后，视频逼真度提升了不止一个高度，能够为影视界提供更加优质的虚拟演员。

6.3.4　后期：无缝转场与影视特效降低后期难度

　　在传统影视行业中，影视后期的制作往往需要强大的团队并耗费大量的时间，而以 Sora 为代表的 AI 工具的出现能够解决影视后期的问题。

　　Sora 最令人惊叹的是无缝转场的能力。在传统后期制作中，制作转场特效需要耗费许多时间和精力，而 Sora 能够实现一键无缝转场，包括环境、季节等方面的切换，能够为后期节约许多时间。

在特效方面，Sora 具有强大的特效处理能力。在 Sora 生成的鸟类视频中（如图 6-5 所示），蓝色鸟类的羽毛细节丰富，栩栩如生，用户很难看出其是由 AI 生成的。传统的 3D 建模往往需要数月的时间，而 Sora 能在几分钟内生成，且效果稳定，特别是在细节处理方面。

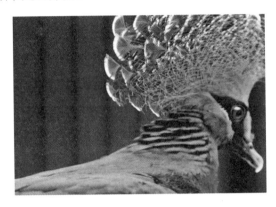

图 6-5　Sora 生成的蓝色鸟类

传统特效处理需要一帧一帧地进行渲染，而 Sora 在经过大量数据训练后，能够突破传统方法的瓶颈，呈现更好的效果。在 Sora 的帮助下，影视特效的制作难度有所降低，能够提高后期制作效率。

虽然 Sora 可能会给一些影视行业从业者带来挑战，但是对于后期制作团队来说，Sora 是一种助力。在未来，Sora 能够在更多方面为影视行业提供助力，也能够在一些机械性的、重复性的工作中替代人类，提高工作效率。

6.4　影视从业者：被重塑的分工

在 Sora 的冲击下，影视行业的分工将会被重塑，许多工种可能会被 Sora 取代，而一些新的工种会出现。影视从业者应该做好准备，不断提升自己的技能，与时代共同发展和进步。

6.4.1　艰难选择："使用工具的人" Or "工具人"

2023 年 3 月 22 日，光线传媒宣布将对人气小说《去你的岛》进行改编，并推出同名动画电影。该电影的海报由 AI 制作，除了海报，AI 技术还将应用于该电影的开发和制作。这使很多用户感到疑惑：AI 拍摄电影的时代真的要来了吗？

对此，一些用户表示完全由 AI 拍摄电影完全有可能实现，对于 AI 拍摄的电影，其有很大兴趣观看。在 ChatGPT 产生后，便有许多用户关心自己的工作是否会被 AI 所取代。

在某个电影学院的 3D 动画系中，一名工作人员展示了其旗下 4 名 AI 数字员工。这 4 名数字员工分别承担剧本书写、图像设计、数字人生成、配音的工作。在这 4 名 AI 数字员工的帮助下，这名工作人员能够在极短的时间内制作一部短片。

如果采用传统的拍摄方式，演员、场地、摄影、后期等费用累计起来是一大笔支出，而使用 AI 数字员工，仅需花费 100 多元的软件使用费用。

该名工作人员更像这 4 位 AI 数字员工的老板。在剧本创作方面，该名工作人员会生成故事大纲，要求 AI 数字员工在大纲的基础上进行剧本扩充。其要求 AI 数字员工一次生成 10 个创意，从而选出最优秀的创意并进行细化。

该名工作人员认为，带领 AI 数字员工工作就像带领实习生一样，在某些方面，AI 数字员工并不能做到精准输出，往往需要其多次指导。例如，在生成人物形象时，在人物的肤色、五官等方面，AI 数字员工有时难以令其满意。

虽然在绘图这一单项工作方面，利用 AI 进行绘图未必会比一个熟练的美术师节约时间，但是在一些工序复杂的工作，如电影制作方面，AI 能够做出更大的贡献。

随着 AI 的到来，从事单项工作的人十分容易被替代。如果一个人甘愿成为一

个工具人，那么其很有可能被工具替代。AI 时代对我们提出了更高的要求，我们应学会适应改变，成为综合能力强的复合型人才，做一名使用工具的人，而不是成为一名工具人。

6.4.2　Sora 时代，影视从业人员必须更专业

Sora 给影视行业从业人员带来了巨大的冲击。与同类 AI 生成视频工具相比，Sora 的进步过于明显、表现过于惊艳。

其他 AI 生成视频工具生成的视频很容易被一眼看穿，很多细节处理不到位，真实性不强。尤其是在人物面部的细微表情和一些动作细节上面，漏洞十分明显。但是从 Sora 发布的视频来看，其许多镜头已经十分逼真，与实景相差不大。但是与实景相比，Sora 生成的视频制作门槛相对较低，这必然会对影视行业造成一定的影响。

早在 Sora 之前，ChatGPT 已经给用户带来了一次震撼，但 Sora 的影响显然更大。ChatGPT 主要聚焦文本、图片生成，而无法生成较为复杂的视频。而 Sora 超越 ChatGPT，能够生成复杂且逼真的视频，有效降低了视频制作的难度。用户仅需输入一段文本，便能够获得一个符合要求的视频。所想即所得即将变成现实，随着 AI 技术不断发展，Sora 的前景必将更加广阔。

新技术往往有利有弊，Sora 也不例外。在 Sora 的影响下，许多影视从业者可能会有失业的风险。毕竟，在 Sora 的帮助下，影视行业的门槛逐渐降低，相关行业很容易被取代。影视行业将在挑战中不断发展，不断进行人才优化，影视从业人员可能会更加专业，一些不会使用 AI 的从业者将会被淘汰。

Sora、ChatGPT 等投入使用确实有可能取代一些重复性、机械性的工种，但这并不意味着相关产业的从业者就要被淘汰。任何活动都离不开人与人的情感连接。即便再智能的 AI，也不会拥有人类的意识与情感，因此其很难解决一些问题。

真正需要担心 Sora 会替代自己的人，是缺乏创新意识和独立精神的影视从业

者。Sora 将会倒逼编剧、导演等影视从业人员精进自己的业务能力，变得更加专业，以防自己被 Sora 取代。

随着 Sora 出现，影视行业转型在所难免。影视从业者需要提高自身的业务能力，以更加专业的作品吸引用户。影视从业者与其因为 Sora 出现感到焦虑，不如开始学习、利用这些 AI 工具，使自己的作品更具创新性。

6.4.3　编剧担任多角色，直接生成电影

"有没有 AI 技术能够将剧本直接生成影片？" 在 Sora 诞生之前，导演兼编剧刘言文珺便提出过这个问题。从一部剧本到一部影片，每一步都需要大量的人工、资金等投入。如果能够在这些方面节省开支，那么不仅可以减轻制作团队的经济压力，还可以为影片带来更多的发展可能性。

Sora 出现后，理论上一个编剧只要拥有剧本便能够生成一部完整的影片，而无须摄影、道具、服化道等。以往需要花费大量成本进行场景布置、后期生成等，而如今，Sora 在几分钟内便可以做到，在节省劳动力的同时能够加快影片制作进度。

对于编剧而言，Sora 能够为其赋能，使其承担多种角色。在 Sora 的帮助下，编剧既是导演又是后期，只需为 Sora 提供一个剧本，Sora 便能够输出一部影片。

Sora 能够解放许多不善于交际的优秀编剧。许多优秀编剧能够借助 Sora 担任多种角色，减少沟通次数。在一场拍摄中，需要有美术、导演、后期等，而与这些人沟通十分耗时耗力，对于不善言辞的编剧来说十分具有挑战性，而向 AI 下达指令则会更加方便。

对于编剧而言，Sora 能够成为其强大的伙伴，在节约人力与资金投入的基础上为其提供多方面的帮助，实现 1+1>2 的效果。

第 7 章

Sora+游戏：游戏领域迎来新发展

随着科技的飞速发展和人工智能技术的不断进步，游戏领域迎来一场革命性的变革。在这场变革中，Sora 以其强大的技术实力和独特的优势，为游戏领域带来前所未有的发展机遇。在游戏领域，Sora 可以实现对游戏画面的智能分析，从而实现对游戏玩法、角色行为等各方面的优化和改进。随着技术的不断进步和应用范围的不断扩大，我们有理由相信，未来的游戏将会更加精彩、有趣、充满创意。

7.1 Sora 与游戏领域相互成就

科技日新月异，人工智能技术逐渐渗透到各个领域。特别是在游戏领域，AI 技术为游戏玩法和体验带来了革命性的变化。Sora 技术与游戏领域的结合实现了双方的相互成就。一方面，Sora 技术为游戏带来了更加智能化和个性化的体验，提升了游戏的吸引力和竞争力；另一方面，游戏领域为 Sora 技术提供了丰富的应用场景和数据支持，推动了技术不断完善和发展。

7.1.1　Sora 让游戏领域实现井喷式发展

Sora 是一个基于深度学习技术的强大工具，未来将推动游戏领域实现井喷式的发展。Sora 或许能够帮助我们创造一个更加真实的游戏世界，为游戏世界产生的物理现象提供一种新的方式。在这种意义上，Sora 也许未来会在游戏开发中展现出惊人的潜力和创新能力。

首先，Sora 模型通过深度学习算法实现了高质量的图像和视频生成。游戏开发人员可以利用 Sora 模型生成逼真的角色动画、场景渲染以及特效效果。这使得游戏界面更加绚丽多彩，并提供了更加沉浸式的游戏体验。Sora 的高质量图像和视频生成功能为游戏制作带来了全新的可能性，使得游戏领域的发展加快。

其次，Sora 还具备快速迭代和自动化的特点。传统的游戏开发过程涉及大量的人工设计与制作，耗费时间和资源。而 Sora 使得游戏开发人员能够更快地生成原型和素材，从而缩短了游戏开发周期。

此外，Sora 还可以根据给定的数据进行自动化创作，无须手动调整和修改。迭代速度的提升和自动化特性使得游戏领域的创新更加容易实现，促进游戏行业快速发展。

Sora 还为游戏产业带来了更高的效益。Sora 通过有效地利用计算资源，能够在较短时间内生成大量高质量的图像和视频素材，从而减少了人力成本。另外，由于 Sora 生成的内容更加真实，因此提高了游戏的可信度和娱乐性，进一步增强了用户黏性、提升了回报率，为游戏公司带来更高的收益。

最后，Sora 也为游戏领域的创意和艺术表达提供了更多可能性。游戏开发者可以实时生成逼真的游戏场景和环境，为玩家带来更加沉浸的游戏体验。同时，利用 Sora 技术，游戏开发者可以实现动态剧情生成，根据玩家的选择和决策，调整游戏故事情节，增强游戏的再现性和持续吸引力。

通过深度学习技术，Sora 可以实现高质量的图像和视频生成，加快游戏开发

的迭代速度，提升自动化程度，降低开发成本，提升用户的游戏体验和游戏的质量。Sora 为游戏行业带来创新和变革，激发游戏开发者的创作激情，丰富玩家的游戏体验，推动游戏领域向更加智能化、个性化的方向发展。需要注意的是，Sora 尚不完善，技术的落地和实际效果还需要结合具体情况进行验证和调整。

7.1.2　游戏升级倒逼 Sora 不断进化

Sora 和游戏相互促进，Sora 可以使游戏领域实现井喷式发展，游戏领域的发展进步会促使 Sora 不断升级。如今，游戏的更新迭代速度加快，游戏内容不断优化。这为 Sora 提供了更加丰富的学习资源，游戏升级将倒逼 Sora 不断进化。

首先，借助游戏升级，Sora 得以提供更加准确、丰富的服务。随着游戏功能的增加和优化，Sora 可以学习、理解并应对各种各样的用户需求。例如，通过对游戏中的角色、任务进行分析，Sora 可以学习到更多知识，并将其运用到实际场景中，从而在文生视频过程中形成更加专业、真实的场景画面。

其次，游戏升级还能够帮助 Sora 改善交互体验。游戏开发者通常会根据用户体验和反馈更新升级游戏，以提高游戏的易用性和娱乐性。同样，Sora 也可以通过游戏升级不断优化自身的交互方式，以更好地满足用户的需求。通过与用户互动和游戏的演进，Sora 可以提供更智能、更贴心的服务，让用户获得愉快体验。

游戏升级还可以为 Sora 提供更多的学习资源。随着游戏版本的更新，新的内容和知识会融入游戏中。这些新的游戏元素和故事情节为 Sora 提供了更多的学习资源，使得 Sora 能够持续地充实自己的数据库，并不断提升自身的智能水平。同时，通过与其他玩家互动，Sora 还能够学习到更多的用户行为和喜好，从而更好地为用户提供个性化的服务。

当然，游戏升级也意味着 Sora 要面临挑战和变革。游戏升级可能引入新的功能和技术，这就要求 Sora 具备学习和适应的能力，不断提高自身对新知识和技术的理解和应用能力。只有跟上游戏升级的步伐，Sora 才能在竞争中保持优势地位。

游戏升级倒逼 Sora 不断进化，Sora 既能够提供更准确、更丰富的服务，又提升了交互体验和学习能力。同时，面对游戏升级所带来的挑战和变革，Sora 需要不断发展、学习和适应，以确保自身始终处于技术前沿，为用户提供优质的服务。相信在游戏升级的持续推动下，Sora 的未来将更加辉煌。

7.1.3　OpenAI: 推出"Sora 版《我的世界》"

作为一款全球知名的沙盒游戏，《我的世界》以高自由度和创造性而受到玩家的喜爱。OpenAI 推出了"Sora 版的《我的世界》"，引发了广大游戏爱好者和 AI 技术爱好者的兴趣，展现了 Sora 模拟数字世界的强大能力。

通过向 Sora 输入有关"Minecraft"（《我的世界》游戏）的关键词，Sora 就可以渲染出与《我的世界》的游戏画面、画质极为相似的游戏世界，还可以控制玩家的视角。图 7-1 是 Sora 创作的《我的世界》的截图。

图 7-1　Sora 创作的《我的世界》

Sora 通过将真实世界的动作和行为转化为虚拟角色的动画表现形式，实现了数字世界的再造。这项技术可以让游戏中的角色更加逼真、自然，玩家可以身临其境地感受到游戏中的动作和情感。

视频模型在数字世界中的应用潜力巨大，通过不断地创新和进化，Sora 可

以为数字内容创作、娱乐产业、教育领域等带来更多可能性和机遇。利用视频模型技术，可以实现更加智能的视频处理和分析，提升数字世界中的用户体验和互动性。

传统的游戏角色动画通常是由动画师一帧一帧手工设计完成的，而 Sora 可以通过学习真实视频中的动作来生成逼真的角色动画。这使得游戏中的角色动作更加自然、流畅，极大地提升了游戏画面的质量，为玩家带来了更加震撼的视觉体验。

视频模型的发展不仅可以提升视频内容的质量和效果，还可以为虚拟现实、增强现实等领域提供更丰富的体验和应用场景。通过再造数字世界，视频模型有望推动数字内容创作和传播方式革新，为用户带来更加沉浸和个性化的视听体验。

通过学习真实世界中不同人的行为特点和表情变化，Sora 可以根据玩家的动作和表情做出相应的反应，给用户带来更智能、个性化的游戏体验。对玩家行为的实时响应，使得游戏更具挑战性和趣味性，增加了玩家的参与感和满足感。

Sora 在数字世界中"大有可为"，将继续发挥重要作用，为未来的数字化时代带来更多惊喜和创新成果。

7.2 Sora 时代的游戏新玩法

在 Sora 时代，游戏可能会出现一些创新的新玩法，以适应不断进化的数字娱乐需求和技术。Sora 生成的高质量视频内容，使游戏可以呈现更加逼真、细致的虚拟世界，提升玩家的沉浸感和体验。游戏开发者可以利用文生视频大模型进行游戏内容的创作，快速生成各种场景、角色等，加速游戏开发流程。未来，随着视频模型技术不断发展和应用，它将为游戏带来更多的惊喜和突破，让数字世界变得更加精彩纷呈。

7.2.1　原型设计与迭代

Sora 模型对游戏原型的设计以及游戏玩法的更新迭代有着重要意义。游戏开发者可以利用 Sora 模型快速生成游戏的视频原型，极大地缩短了游戏设计的周期。

首先，Sora 能够根据给定的文字描述生成高质量的游戏原型视频。在游戏开发早期阶段，设计师通常会提供文字描述来表达他们对游戏内容的想法。

然而，文字描述往往无法直观地展现游戏画面和交互体验，这给开发团队带来了理解和沟通上的困难。通过使用 Sora，设计师可以将文字描述转化为视觉化的游戏原型视频，准确地传达自己的创意和设计意图，使开发团队更好地理解和落实游戏设计。

其次，Sora 能够加快游戏原型的迭代速度。在游戏开发过程中，原型迭代是不可或缺的环节，通过不断地调整和改进游戏原型，开发团队可以尽早地发现问题并做出优化。

传统的原型制作方式通常需要烦琐的手工操作和大量的时间投入，而 Sora 简化了这个过程。Sora 能够自动生成高质量的游戏原型视频，大幅减少了原型制作的时间、精力、成本，使原型的迭代过程更加高效和快速。

此外，Sora 还具备灵活性和可调节性，能够满足不同类型游戏对风格的需求。通过对 Sora 进行参数调整，开发团队可以根据具体的游戏需求生成符合预期的游戏原型视频。这使得 Sora 成为一个非常实用的工具，能够应用于不同类型游戏的开发，为设计师和开发者提供更多的创作可能性。

Sora 在游戏原型设计和迭代方面发挥着重要的作用。它能够通过将文字描述转化为视觉化的游戏原型视频，准确地传达设计意图；Sora 的快速生成和灵活调节特性，加快了游戏原型的迭代速度，提高了开发效率。Sora 为游戏开发团队提供了一个强大的工具，帮助他们更好地实现创意，优化游戏体验，推动游戏开发进展。

7.2.2　自动生成游戏中的虚拟世界

作为一种基于深度学习的算法，Sora 能够从海量的图像和视频数据中学习并推理出逼真的虚拟场景，为游戏开发者提供了强大的创作工具。

利用 Sora，游戏开发者可以快速生成各种虚拟角色的外貌、服装、表情等，丰富游戏中的角色。Sora 通过深度学习算法对大量的图像和视频进行训练，从中学习到真实世界的视觉特征和规律。

这使得 Sora 具备模拟真实场景的能力，能够根据输入的游戏描述、概念和设计思路生成与之相对应的虚拟世界。无论是建筑物、自然环境还是人物角色，Sora 都能够真实地还原并呈现出高度逼真的效果。

Sora 可以根据输入的描述或指令，生成各种复杂、多样化的游戏场景，包括地形、建筑、植被等，为游戏提供丰富的素材。

在传统游戏开发过程中，制作一个复杂的虚拟场景常常需要耗费大量的时间和人力资源。然而，有了 Sora 的帮助，开发者只需提供一些基础的设计要求，Sora 便能够自动构建出整个虚拟世界，包括地形、道路、建筑以及各种物体和元素。基于模拟能力，Sora 可以生成逼真的天气效果、光影变化等自然环境元素，提升游戏的视觉效果和真实感。

此外，Sora 还可以与其他游戏引擎和工具集成，提供更多的功能和灵活性。开发者可以通过 Sora 自动生成的虚拟世界，与其他游戏系统进行交互，并结合自己的创意和想法，打造完整、生动的游戏体验。

然而，虽然 Sora 能够自动生成游戏中的虚拟世界，但在实际应用中仍然需要开发者的专业知识和艺术创意。Sora 只是一个辅助工具，它可以生成基础的场景，但游戏体验和质量仍然取决于开发者的设计和调整。

总之，Sora 作为一种先进的人工智能技术，为游戏开发者带来了巨大的便利和创作空间。它能够根据开发者输入的游戏设计要求自动生成高度逼真的虚拟世界，极大地提高了游戏开发的效率和质量。

7.2.3　智能模拟 NPC（游戏角色）行为模式

Sora 具备强大的学习和模拟能力，能够逼真地模拟出 NPC 在游戏中可能的行为模式。通过应用 Sora 大模型智能模拟游戏 NPC 的行为模式，游戏开发者可以打造出更生动、更智能的游戏世界，为玩家带来更丰富、更有趣的游戏体验。

Sora 具备深度学习和强化学习的能力，可以通过对大量游戏数据的分析和学习，自动生成适合当前场景和任务的 NPC 行为模式。这意味着 Sora 可以根据不同的游戏情境和玩家需求，灵活地调整 NPC 的行为表现。

Sora 还可以理解复杂的游戏规则和环境，并据此做出智能决策。通过对游戏中的各种元素进行建模和分析，Sora 可以推断出玩家的目标和意图，从而选择最佳的行为策略。例如，在角色扮演中，Sora 可以根据玩家的角色属性和任务要求，自动判断并执行相应的行动，如攻击敌人、寻找宝物、与其他 NPC 交互等。

此外，Sora 模型可以帮助 NPC 表现出更丰富的情感和情绪，使其看起来更加逼真、具有人类的特征。Sora 具备情感模拟的功能，可以模拟出人类的感情变化和反应。在与玩家或者其他 NPC 的互动中，Sora 能够根据文字、语音、姿态、表情等多种信息，实时生成逼真的情感表达。这使得玩家在游戏中与 NPC 的互动更真实、有趣，增强了游戏与玩家的情感共鸣。

同时，开发者可以借助 Sora 大模型的学习能力，根据玩家的行为和选择进行调整和反馈，提高游戏中 NPC 的可变性和个性化程度。除此之外，Sora 还可以适应和学习玩家的行为模式。通过分析玩家的游戏风格和偏好，Sora 可以调整自己的行为，以更好地满足玩家的需求。例如，某位玩家喜欢探索未知区域，Sora 可以模拟 NPC 的行为主动提供相关的任务或者提示，以引导玩家进行探索。

借助 Sora 模型的智能分析和生成能力，NPC 可以根据不同情境做出更加智能的决策，增强游戏的挑战性和趣味性。Sora 具备多样化的行为模式，可以模拟不

同类型的 NPC，如战士、商人、农民等。这使得游戏中的 NPC 更加多样化，给玩家提供更多选择。

7.2.4　游戏测试与调试

在游戏开发过程中，测试和调试是至关重要的环节，对提高游戏质量和稳定性起着极为重要的作用。作为一种前沿的技术，Sora 给游戏测试和调试带来了革命性的变革。

Sora 具备图像识别与分析功能，借助深度学习和计算机视觉科技，Sora 能够精准地辨识游戏内的多个元素，如角色、装备、场景等。这一特性极大地方便了测试人员迅速定位游戏问题，并提供详尽的漏洞重现描述，从而协助开发团队更深入地理解问题本质并实现高效修复。

Sora 是一款支持自动化测试与调试的先进工具。传统游戏测试需要大量人力和时间投入，且易受到测试遗漏、结果不准确等问题的影响，而 Sora 实现了游戏测试与调试的变革。

Sora 允许用户通过预设的测试脚本或借助 AI 模拟玩家操作，实现自动化执行大规模测试任务。这一创新不仅显著提升了测试效率，还降低了人为因素对测试结果的潜在影响，从而确保了测试的精准性和全面性。

Sora 还能将测试结果以可视化的形式展现出来。通过 Sora 平台，测试人员能够直接观测到游戏运行过程中的关键数据，如帧率、内存使用状况等。此类数据在评估游戏性能、定位性能短板、优化游戏表现等方面发挥着至关重要的作用。

Sora 所提供的可视化界面，不仅增强了数据分析的直观性，还提升了分析的便捷性，从而助力测试人员更深入地理解游戏的运行状态。

Sora 拥有强大的错误日志记录和排查功能。当游戏出现异常或崩溃时，Sora 能够自动记录相关的错误信息，并提供详细的堆栈追踪，帮助开发人员准确定位问题的根源。这对于快速修复漏洞和提高游戏稳定性非常重要。

同时，Sora 还支持在线日志收集和分析，使得开发团队能够及时获取游戏在不同环境下的运行情况，并进行问题排查和优化。

随着 Sora 技术的不断发展和完善，其在游戏开发领域的应用前景将更加广阔。我们有理由相信，Sora 将成为游戏开发和测试的重要工具，为游戏行业带来更多的创新和突破。

7.3　服务进化：玩家成为"主人"

在 Sora 技术的支持下，游戏服务将实现全面进化。Sora 将改变游戏服务的传统模式，让玩家真正成为游戏的"主人"。通过为玩家提供更自由、更智能、更丰富的游戏体验，Sora 将推动游戏行业的创新和发展，为玩家呈现更加美好的游戏世界。同时，Sora 还能激发玩家的创造力和想象力，推动游戏行业不断发展和进步。

7.3.1　自动生成游戏演示视频，快速上手

Sora 可以不断学习和分析大量游戏视频，积累丰富的游戏知识和经验。在生成演示视频时，Sora 能够根据不同游戏的特点和玩家的需求，自动调整游戏场景、角色行为、音效等要素，生成极具观赏性和实用性的游戏演示视频。

对于新手玩家来说，Sora 生成的演示视频无疑是一种宝贵的学习资源。通过观看这些视频，新手玩家可以迅速了解游戏的基本操作和策略，避免在游戏中走弯路。同时，这些视频还能帮助玩家更好地掌握游戏细节，提升游戏水平。这些演示视频都是经过精心设计和优化的，能够模拟真实的游戏场景和操作，让玩家

能够直观地了解游戏规则和操作方式。

Sora 的特点之一是具有强大的学习能力。通过学习、分析大量游戏数据，Sora 能够准确理解游戏的各种规则和机制，并能够根据玩家的需求生成相应的演示视频。无论是角色扮演游戏、射击游戏还是竞技游戏，Sora 都能够生成与其匹配的演示视频，让玩家快速掌握游戏的核心要点。

游戏数据集包含了海量的游戏视频素材，涵盖了各种类型的游戏和场景。这使得 Sora 在生成演示视频时，能够根据不同游戏的特点和玩家的需求，自动调整游戏场景、角色行为、音效等要素。例如，玩家希望看到一款动作游戏的精彩战斗场面，Sora 能够准确地识别出游戏中的战斗元素，并生成一段紧张刺激、观赏性极高的演示视频。

除了帮助新手玩家快速上手，Sora 对老玩家来说也有巨大的价值。对于那些已经玩过游戏的人来说，他们可能想要尝试新的游戏内容，但又不愿意从头开始学习游戏规则。Sora 使得他们可以通过观看演示视频快速了解游戏要点，减少学习成本，更快地体验新内容。

Sora 可以为玩家提供精心设计的游戏演示视频，让他们能够直观地了解游戏规则、操作方式和策略。无论是新手还是老玩家，Sora 都能为他们提供个性化、专业的游戏指导，让他们更好地享受游戏的乐趣。

7.3.2 玩家借助 Sora 自己创作剧情并分享

Sora 不仅是一款强大的视频创作工具，更是一个激发玩家创造力、自主创造剧情并与他人分享的平台。Sora 拥有强大的编辑功能和丰富的素材库，为用户提供了无限的创作空间。

在 Sora 上，用户可以自主创作剧情，将自己的想象力和故事情节融入其中。无论是电影、动画、短片还是广告，用户都可以根据自己的兴趣和想象力创作出独一无二的作品。Sora 提供了丰富的创作工具和功能，帮助用户将想法落地。

通过使用 Sora，玩家能够创作各种各样的角色、场景和特效，打造独特的虚拟游戏世界。玩家可以不再局限于游戏开发者的设定，而是可以根据自己的想象力和创意构建属于自己的故事线和剧情。这使得每个玩家都可以成为故事创作者和游戏开发者。

Sora 还提供了一个便捷的分享平台，玩家能够将自己创作的游戏剧情与他人分享。这种分享和合作机制，增强了游戏社区的凝聚力，促进了玩家之间的交流与创意碰撞。同时，玩家可以从其他人的作品中获得灵感和启示，进一步拓宽自己的创作思路。

例如，一个玩家在创作过程中遇到了难题，他可以通过分享平台向其他玩家求助，获得解决问题的灵感和建议。同样，其他玩家也可以从这位玩家的作品中汲取灵感，进一步完善自己的创作。

Sora 通过一系列的工具和功能，帮助玩家更好地表达自己的创意。玩家可以通过使用各种独特的角色、场景和道具，将自己的创意转化为游戏内容。这些素材不仅数量庞大，而且风格各异，满足了不同玩家的个性化需求。无论是喜欢奇幻冒险的玩家，还是喜欢科幻未来的玩家，都能在 Sora 中找到适合自己的创作素材。

尽管 Sora 提供了友好的用户界面和详细的使用教程，但没有创作经验的玩家仍需要一定的学习和实践才能熟练掌握。此外，在版权和道德方面，玩家自主创作剧情需要遵循相关法律法规并尊重原创作品的版权，同时需要避免创作内容引发争议或触碰道德底线。

7.3.3　根据玩家偏好做个性化游戏推荐

通过深度挖掘玩家在游戏中的行为数据，如游戏时长、游戏类型偏好、游戏难度选择等，Sora 能够精准地分析出玩家的兴趣和偏好。同时，结合玩家的社交网络和游戏社区活动，Sora 能获取更多关于玩家偏好的信息，从而为其提供更精

准的个性化推荐。

在推荐算法方面，Sora 采用了先进的机器学习技术，如深度学习、协同过滤等。通过对大量游戏数据和玩家行为数据的训练，Sora 能够自动学习并不断优化其推荐模型。这使得 Sora 的推荐结果不仅准确度高，而且具有实时性和动态性，能够随着玩家偏好的变化而及时调整推荐内容。

玩家的游戏行为数据是玩家在游戏过程中自然产生的，因此具有极高的真实性和可信度。通过对这些数据进行分析，Sora 能够精准地识别出玩家的游戏偏好，从而为他们推荐更符合他们喜好的游戏。

随着更多地被运用到个性化游戏推荐方面，Sora 能够不断积累数据，进行自我调整和完善。这样，随着时间的推移，Sora 的推荐能力会变得越来越强大，从而为玩家提供更精准、个性化的游戏推荐。

除了精准推荐，Sora 还提供动态推荐服务，即 Sora 会根据玩家的实时行为和反馈及时调整推荐策略，为玩家推荐最新、最热门的游戏。这种动态推荐的方式使得玩家始终能够接触到最新、最有趣的游戏，从而保持对游戏的兴趣和热情。

Sora 通过深度挖掘玩家偏好和采用先进的推荐算法，为玩家提供精准、实时、动态的游戏推荐服务。它不仅满足玩家的个性化需求，还为游戏行业带来更多的商业机会和发展空间。

第8章

Sora+媒体：充分释放媒体潜力

Sora与媒体相结合，能够为媒体行业带来深刻的技术变革。Sora给媒体行业既带来了机遇，也带来了挑战。媒体从业者应该以积极的态度学习、掌握、利用Sora，充分释放自身的潜力，更从容地应对未来的挑战。

8.1 被不断赋能的新闻媒体

新闻媒体的发展离不开AI的助力，从ChatGPT到Sora，AI不断发展的同时也提升了新闻媒体的生产力。除了能够帮助媒体快速写稿、生成新闻视频，AI还能打造虚拟主播，自动播报内容，从各个维度充分赋能新闻媒体。

8.1.1 ChatGPT：根据采访录音智能写稿

当前，"AI+"的浪潮席卷而来，渗透进各行各业，包括媒体领域。AI技术改变了传统记者采访报道的形式，写稿机器人被应用到编辑工作中，"AI+新闻"的

时代到来。

利用 AI 技术，新闻工作者能够及时获得最新的消息，并对新闻进行整理和发布，提高了工作效率和新闻的时效性。AI 领域的自然语言处理技术能够用于稿件编写，自动生成新闻稿件，新闻工作者仅需对稿件进行润色即可，有效提高了新闻稿件的生产速度和质量。新闻工作者得以从一些重复性、烦琐的工作中解放出来，有更多时间利用 AI 去处理更有价值的事情。

作为一种以深度学习为基础的大语言模型，ChatGPT 在新闻稿件创作方面发挥着重要作用。ChatGPT 利用大量的文本数据进行训练，拥有庞大的数据库。这些数据的内容较为丰富，包括语言、艺术、文化、科学等，能够使 ChatGPT 在与用户交流时更加流畅。但是 ChatGPT 存在信息更新不及时的问题，因此其信息的时效性较差。

ChatGPT 主要具有四种能力，如图 8-1 所示。

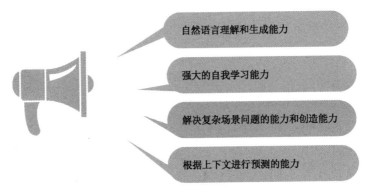

自然语言理解和生成能力

强大的自我学习能力

解决复杂场景问题的能力和创造能力

根据上下文进行预测的能力

图 8-1　ChatGPT 的四种能力

（1）自然语言理解和生成能力。ChatGPT 使用了神经网络模型，能够对自然语言进行处理，理解用户输入的文字，例如，其能够根据新闻工作者的要求自动生成文稿、根据采访录音智能写稿、生成脚本等。

同时，ChatGPT 还拥有文本生成能力，能够根据上下文与用户展开流畅的对话，提高用户的使用体验。

（2）强大的自我学习能力。ChatGPT 具有强大的自我学习能力，能够在与用户的交流中不断进行自我学习。通过不断的学习，ChatGPT 能够对模型进行优化，提升自身在自然语言处理、理解、分析等方面的能力，为用户提供更好的使用体验。

（3）解决复杂场景问题的能力和创造能力。ChatGPT 能够对复杂问题进行处理并具有一定的灵活性。ChatGPT 强大的数据储备使其能够适应多个场景，并为用户提高个性化的解决方案。此外，ChatGPT 能够为用户提供一些创意和想法，开拓用户的视野，为用户带来更多的惊喜。

（4）根据上下文进行预测的能力。ChatGPT 能够通过对上下文进行理解，从而满足用户的需求。ChatGPT 能够找出用户输入的关键信息并进行意图预测，从而为用户提供更能满足其需求的回应。

这些能力使得 ChatGPT 成了一个强大的办公工具、一个强大的创意和生产工具，能够提高新闻从业者的工作效率，推动新闻媒体行业进行智能化变革。

8.1.2　Sora：提取新闻主题，精准生成视频

互联网的普及以及各类短视频软件的快速发展，推动短视频迅速发展，许多用户都喜欢在业余时间观看短视频。在这样的背景下，新闻行业不得不跟随时代的发展步伐，推出新闻短视频。短视频能够将新闻的主题精准传达给用户，有效提高信息传播效率和传播效果。

视频剪辑耗时、耗力，对此，一些企业推出 AI 工具、系统为新闻工作者提供帮助。例如，科学科技研究实验室 STRL 以 AI 技术为基础打造了一套视频摘要自动生成系统。新闻工作者将新闻片段上传至该系统，AI 便会对视频内容进行总结，并生成一个摘要视频。一段 15～30 分钟的新闻片段能够生成 1～2 分钟的摘要视频。该 AI 系统的处理时间一般为 10～20 分钟，在减少人力、物力支出的同时能够提高工作效率，帮助新闻工作者及时将视频发布在网络上。

在新闻视频摘要自动生成系统中，摘要视频的内容完全由 AI 选择。AI 能够从场景构图、音频内容关键词等方面出发，抓住视频中的亮点、重点形成视频摘要。此外，生成的视频还有修改功能，新闻工作者可以对 AI 生成的视频进行简单的修改，从而使生成的视频更加完美。

在 Sora 出现后，摘要视频的质量和精准度得以提升。Sora 使用自然语言处理技术、计算机视觉技术和深度学习技术对文本进行理解、分析，总结出主题，然后进行画面构建，最后生成视频。与新闻视频摘要自动生成系统相比，Sora 的生成时间更短，能够在几分钟内生成摘要视频。在自然语言处理系统的帮助下，Sora 对视频内容的理解更加深刻，精准提取内容的能力更强，视频质量和准确度有了极大的提高。

总之，Sora 能够赋能新闻行业，解放新闻行业的劳动力，使新闻行业从业者能够将精力集中于更有价值的事情，发现并报道更多高质量、有意义的新闻。

8.1.3 AI 虚拟主播自动播报新闻

在现代科技的推动下，传统媒体行业发生了变革，内容生产与传播方式出现了新变化。例如，AI 虚拟主播出现在新闻播报中，展现出巨大的商业价值。

传统的新闻报道流程十分复杂，包括编写稿件、视频录制、后期剪辑等。这一系列的流程不仅耗费大量人力与时间，还会导致信息滞后。然而 AI 虚拟主播的出现改变了这一现状。AI 虚拟主播使用了先进的 AI 技术，能够实现新闻自动播报，提高了新闻制作、播报效率。借助 AI 虚拟主播，用户能够快速获得资讯，及时了解社会动态，满足信息获取需求。AI 虚拟主播在缩短新闻制作周期、提高新闻报道效率的同时，还加快了信息传播的速度。

AI 虚拟主播还丰富了新闻报道的形式。与传统的文字、图片类新闻相比，AI 虚拟主播能够增加语音、表情等因素，使新闻报道更加生动、有趣，吸引用户的关注，使用户记忆深刻。

　　例如，杭州新闻联播便引入了两名 AI 虚拟主播小雨和小宇，如图 8-2 和图 8-3 所示。这两名 AI 虚拟主播在网络上引起了热议。

图 8-2　AI 虚拟主播小雨

图 8-3　AI 虚拟主播小宇

　　杭州新闻联播引入 AI 虚拟主播这一创新举措在新闻行业掀起了巨大的波澜，引发了广泛的关注和讨论。一直以来，新闻播报任务都由人类来完成，主播凭借自己扎实的专业知识向观众传播世界各地的新闻动态。随着科技的不断发展，AI 虚拟主播开始代替人类，并展现出了独特的魅力。

　　杭州新闻联播的 AI 虚拟主播小雨和小宇搭载了自然语言处理、智能语言、人工智能算法等技术，能够对大量的新闻数据进行抓取、分析和处理，从而为用户提供及时的新闻报道。小雨和小宇具备出色的播报能力，播报风格自然，吐字清晰，语言流畅，仿佛真人主播一般。

在情感方面，AI 虚拟主播小雨和小宇拥有生动的表情、流畅的肢体动作，在播报新闻时更加自然，能够吸引观众的眼光。可以想象一下，作为观众，当你打开电视时看到一位面容姣好、充满活力的主播时，观看新闻的意愿是否更加强烈呢？

虽然 AI 虚拟主播有诸多好处，但是也引发了很多用户的担忧。有些用户担心 AI 虚拟主播会取代真人主播，毕竟 AI 虚拟主播能够不间断工作，还能够借助强大的 AI 系统进行大量信息的处理，这样的"超能力"普通主播望尘莫及。

还有一些用户担心如果 AI 虚拟主播全面上岗进行新闻播报，那么以前熟悉的真人新闻主播是否会就此消失在他们的视野中，从此以后我们面对的将会是冷冰冰的数据与算法。而且，随着 AI 的不断发展，我们是否会对技术越来越依赖，从而导致个人思考能力的退化？

用户这些的担心十分有道理，但是换个角度想，AI 虚拟主播的出现是技术进步的体现。AI 虚拟主播能够更加快速地进行新闻播报，使用户能够及时了解世界各地发生的事情。而且 AI 虚拟主播不具备个人感情，能够站在客观、中立的角度评价事情。

技术的进步往往伴随着变革。公交车、地铁的出现代替了马车，但是人类并未失去行走的能力；电子通信的普及代替了书信，但是并未降低我们的书写能力。AI 虚拟主播会对新闻媒体行业产生什么影响，只有时间能给出答案。我们无法否认的是，AI 虚拟主播已经进入我们的世界。

8.2 冲击：Sora 时代的媒体挑战

Sora 对于新闻媒体行业而言是一把双刃剑，在解放媒体行业的生产力、提高工作效率的同时，又会对新闻媒体行业造成一定的冲击，推动着新闻媒体行业的从业人员不断提升自身能力，适应时代发展。

8.2.1　警惕假新闻泛滥的局面

在图文时代，用户经常说"有图有真相"，后来发现图片是可以经过处理的；到了视频时代，有用户说"有视频有真相"，而视频也可以进行处理。在 AI 泛滥的时代，我们需要高度警惕假新闻泛滥。

一些国外明星就因为被深度伪造的视频而引发关注，陷入舆论旋涡中。"深度伪造"指的是利用 AI 技术对图像、视频等进行篡改，生产出高度逼真的图片、视频。而过于逼真的 AI 图片、视频可能会对网络生态造成不利的影响，许多假新闻泛滥，使网络治理变得越发艰难。以 Sora 为代表的 AI 技术能够被用于内容生产，但是也会因为"深度伪造"而带来假新闻泛滥的风险。

"深度伪造"技术被滥用，生产了许多假新闻，而"反深度伪造技术"尚未成熟，这将会产生 3 个影响，如图 8-4 所示。

给用户和企业带来危害

对公共安全造成危害

引发用户忧虑和信任危机

图 8-4　"深度伪造"产生的 3 个影响

（1）给用户和企业带来危害。"深度伪造"技术往往被用于制作一些不良视频，而这可能会侵犯用户的肖像权、隐私权。"深度伪造"技术也可能被用于一些违法犯罪活动，如敲诈、勒索等。例如，英国曾发生一起 AI 诈骗案，犯罪者利用 AI 语音合成技术假扮企业高层，成功骗取了 22 万欧元。

（2）对公共安全造成危害。一些不法分子可能会利用"深度伪造"技术制作一些公众人物视频，产生不良影响。例如，不法分子利用 AI 生成视频软件生成一些公众人物未做过的"错事"，进行造谣，对公众人物造成影响。

（3）引发用户忧虑和信任危机。"深度伪造"技术造成的假新闻泛滥可能会增加用户的忧虑，尤其是当用户对"深度伪造"进行深入了解后。用户在浏览视频时会对视频的真实性产生怀疑，从而产生信任危机，对官方的澄清也保持怀疑的态度。用户还会产生诸如"如果我们作为普通用户也被深度伪造了假视频该怎么办""AI 的发展实在令我恐惧"的想法。尤其是随着 Sora 的诞生，其能够生成逼真的视频，普通用户难以辨别视频真假。

对于用户对 AI 技术的种种质疑，社会各界认为不能"因噎废食"。虽然"深度伪造"技术会对社会发展产生不利的影响，但随着科技的不断发展，各个企业将会有更多的应对办法。

目前，企业主要从技术方面规避"深度伪造"技术可能引起的假新闻泛滥问题。例如，有些企业发布了隐形图片水印软件，能够干扰 AI 生成图片，对 AI 生成的图片进行破坏。此外，也有专家学者建议采取手段对 AI 生成软件生成的内容进行溯源，以避免"深度伪造"。

此外，法律上也要有相关的规定。有关部门需要及时完善立法、加强执法，对犯罪分子进行重罚。尤其是在 Sora 出现后，网络上可能会充斥各类 AI 视频，需要有新的鉴别、管理、处理方法和法律法规对其进行约束。

"深度伪造"是 AI 技术进步的产物，如果运用得当其能够产生积极影响，运用不当则会产生负面影响。因此，相关部门、企业应当提高警惕，借助技术、法律等手段规避风险，推动 AI 健康发展。

8.2.2 记者不必"瑟瑟发抖"

ChatGPT 专注于文本生成，而 Sora 则全模态样样精通。有些学者认为，Sora

将会影响许多行业，其中，首先受到冲击的是短视频、影视、新闻媒体等行业。

在影视行业方面，Sora 将会对影视行业的人才培养造成比较大的冲击。而在短视频行业，Sora 能够完成短视频拍摄、剪辑等任务，生产短视频的团队需要提高警惕，避免面临失业危机。

而在媒体行业，许多记者"瑟瑟发抖"，担心有一天自己会被 Sora 取代。记者需要对市场、社会、生活有认知力和敏感力，还要拥有快速行动的能力。如果记者仅在工作时间坐在舒适的空调房内进行内容搜索、编辑和发布，那么其终将会被取代，因为在这个时代，记者需要拥有更强的竞争力。

当然，Sora 生成的视频的真实度还有待提升。如果用户想要生成完美的视频，就需要等待 Sora 实现进一步迭代发展。

虽然新闻媒体行业强调传播已经实现了"视觉转向"，但是以 Sora 为代表的 AI 生成视频模型表明了文字的重要性。新闻媒体行业不仅不能抛弃文字，还需要合理地运用好它们，这是文生视频的底层基础和关键所在。

8.2.3　未来，做网红要拼创意和质量

短视频平台不断发展促使短视频更加多样化，各类"网红"层出不穷，视频内容更加趋于工业化。在短视频平台的扶持下，大量 MCN（Multi-Channel Network，一种针对互联网内容生产者的机构）机构崛起，介入内容生产，以工业化的方式打造一系列同质化"网红"，以实现持续发展。

以抖音为例，抖音的短视频生产已经形成了一条完整的路线，由 MCN 机构提供一系列的帮助，包括视频拍摄人员的安排、拍摄、制作、宣传等。MCN 机构在打造流水线"网红"方面起到了重要作用。而以 Sora 为代表的 AI 生成视频模型的出现将会给 MCN 带来一定的冲击，也会对"网红"事业造成冲击。

以 Sora 为代表的 AI 生成视频模型会降低内容拍摄和制作的门槛，没有经验的用户也可以借助 Sora 生成自己想要的视频，成为"网红"变得更加容易。

以短剧为例，市场上的短剧质量良莠不齐，少数制作精良的短剧大都由大型MCN、影视公司等出品。而在 Sora 出现后，许多用户开始幻想是否能利用其将小说中的文字变成视频，甚至将一整本书生成视频。在 Sora 的帮助下，许多没有视频制作经验的用户能够生成高质量视频。在这种情况下，MCN 机构以及其旗下的"网红"的流量将会减少。

小"网红"更容易受到致命的打击。许多小"网红"不具备内容创作能力，而是通过无下限地"蹭热度"、抄袭模仿等手段进行内容产出。Sora 出现后，许多用户依靠其便可生成高质量的视频，内容质量差的小"网红"受到的关注度会降低，能够吸引的流量会变少。

在 Sora 时代，所有的工具都将变得更加智能化。想要成为一名"网红"，用户就应该更多地从视频的创意和质量入手，打造个性化 IP，提升内容的专业性、趣味性，并不断强化自身能力。只有重视视频的创意和质量，才能吸引更多的用户和流量。

第9章

Sora+营销：掀起大规模宣传热潮

Sora 的视频生成能力为广告营销行业带来极大冲击，不仅缩短了营销内容创作的时间、降低了创作成本，还能结合 3D 技术为企业定制虚拟 IP，帮助企业满足年轻消费群体的需求。

9.1 Sora 让广告宣传"焕然一新"

在内容为王的时代，如何提升广告的创意性、多样性，使其更加贴近用户的内心世界，激发其产生情感共鸣，是很多企业需要认真思考的问题。Sora 为广告设计师提供更多灵感，为其创意插上翅膀，让广告更具吸引力，更能打动人心。

9.1.1 升级：从广告 1.0 到广告 3.0

广告行业有着 100 多年的历史，其内容、渠道随着时代变迁与技术发展而不断丰富。总体来说，广告行业的发展经历了 3 个阶段。

1. 广告 1.0：渠道为王

在这一阶段，企业普遍通过海报、报纸、期刊、有线电视插播等形式推广广告。此时，具备创意策划能力的 4A 公司和手握渠道资源的媒介拥有很高的话语权，广告对渠道的依赖性较强。

2. 广告 2.0：流量为王

互联网的蓬勃发展使企业宣传有了更为丰富的渠道，广告推送逐渐渗透网络空间。在这一阶段，广告会出现在电脑屏幕右下角的弹窗、网剧片头、微信朋友圈、各种网站的导航页面等地方。

在这一阶段，广告效果更容易被量化。网站浏览量、关键词检索次数、视频点击量等均以数据的形式展现，企业以此评估广告流量并进行商业变现。

在广告 1.0 和广告 2.0 时代，企业营销仍以硬广告为主。硬广告较为强势，能够帮助企业提升曝光率和知名度，但互动性差、形式单一、渗透性弱，对用户的细分也不够精准。

3. 广告 3.0：内容为王

TMT（科技、媒体、电信）产业的蓬勃发展推动广告进入 3.0 时代。借助新媒体平台，企业能够以一系列创意表达来吸引潜在用户主动关注，广告的交互性和渗透力更强。从表达形式来看，这一阶段的广告分为内容营销、事件营销以及影视植入 3 种。

在新媒体加持下，企业宣传具有精准化、垂直化和内容化的特点，对数据分析和用户画像的依赖性更强。

目前，广告呈现三大发展趋势：一是强调"网红"效应，通过洞察消费者心理，把控流行趋势，以 KOL（Key Opinion Leader，关键意见领袖）影响力带动粉丝经济。二是强调有效细分，如一线城市 25 岁以下男性，人群划分的精准度会直接影响广告效果。三是高转化率，通过"网红"效应与垂直细分，广告能够吸引一批特定用户，进而有效转化，提升转化率。

9.1.2　基于营销需求，创作高质量广告

通过 Open AI 团队公布的生成视频可以看出，在个人层面，Sora 能够迅速创建个性化故事与家庭录像，使基于概念的想象可视化。在工作场景中，Sora 能够为新闻机构提供即时、可视化新闻报道，协助设计师进行建筑设计、游戏开发等。

由此可见，基于不同人群的创作需求，Sora 可以为其提供不同的辅助。折射到品牌营销场景中，Sora 极有可能协助相关人员进行更为精细化的品牌营销，深化营销行业现有趋势。

首先，Sora 能够自动生成视频内容，营销内容创作时间大幅缩短，内容创作成本大幅度降低。

其次，品牌营销对内容的多样性与创新性要求较高，而传统内容制作办法耗时长、容错率低，相关人员无法快速试验和实现创意，难以避免陷入灵感缺失的瓶颈，进而产生极大的创作压力。Sora 模型能够结合当下流行趋势与数据输入，快速生成具有创新性的视频内容，为营销人员提供创作灵感。

最后，品牌营销以用户为核心，强调个性化服务。Sora 可以根据用户浏览、购买行为、社交媒体互动等数据，分析用户的购买偏好，生成面向特定用户群体的视频内容，并精准推送。这有助于企业缩短营销链路，为用户提供更优质的个性化产品和服务，提高潜在用户转化率与用户忠诚度。

9.1.3　产品 3D 模型视频，全方位展示产品

3D 产品展示是当下热门的产品宣传形式，其借助 3D 技术模拟产品外形、材质、细节乃至内部构造，展现产品的真实形态与功能，有助于研发人员对产品进行进一步优化。

在营销领域，3D 产品展示具有便捷、交互性强、展示全面、效果逼真等优势。

用户不必安装插件，在浏览器中就能自由放大、缩小、旋转产品，观察产品的细节。同时，得益于高级渲染技术，3D 产品展示能够呈现出逼真的视觉效果，用户可以充分了解产品优势与使用场景。

传统的 3D 模型视频需要大量的材质、动画、模型等资源，并需要逐帧渲染，时间与人力成本较高。而 Sora 通过大规模数据集训练，能够更准确地理解和模拟三维空间，以 3D 视角展现物品形态与运动轨迹，并不断打磨细节。

医疗器械企业的产品复杂度较高，Sora 可以协助其制作产品 3D 模型，详细展示产品特性、操作方法和潜在效果，以更逼真的形式展现产品优势。

Sora 可以与 3D 产业相结合，充当 AI 助手的角色。凌迪科技首席科学家王华民认为，Sora 对物理世界逻辑的理解仍有很大的发展空间，现阶段依旧需要 3D 与物理仿真技术，为生成内容提供整个逻辑关系，Sora 可以加以润色。

以服装 3D 展示为例。在设计阶段，Sora 的发散性可以帮助设计师快速获得创意灵感。确定款式后，技术人员以 3D 技术制作精准、可用于生产的虚拟样衣，通过数字人模特进行上身效果展示。基于 3D 虚拟样衣，Sora 可以对模特的表情、姿势、背景等元素进行调整，还能够生成电商宣传海报和详情页，内容制作时间大幅度缩短。

9.2 有了 Sora，IP 打造更轻松

在产品同质化严重的大环境下，独特的品牌 IP 能够让客户迅速识别并接受产品，进而帮助企业脱颖而出，提升市场竞争力。

事实上，随着元宇宙概念的兴起，已经有不少企业在虚拟数字人领域发力，通过塑造具有品牌特色的虚拟 IP 形象，拉近自身与用户的距离，提升用户对

品牌的好感度与忠诚度。而 Sora 与 3D 技术的结合，能够提升 IP 的水准，帮助企业打造更为逼真的虚拟 IP 形象，并将其应用于讲述品牌故事、直播带货等场景中。

9.2.1　品牌人格化：自动生成虚拟 IP 形象

虚拟 IP 形象指的是存在于网络空间中，集成图形渲染、动作捕捉、深度学习等多种技术，具备外貌特征、表演能力、交互能力等多种人类特征的虚拟数字人。目前，虚拟数字人分为身份型虚拟数字人和服务型虚拟数字人两大类。

其中，身份型虚拟数字人多以虚拟偶像、虚拟化身的形态展现在大众面前，如"虚拟美妆博主"柳夜熙、"清华才女"华智冰等。服务型虚拟数字人多为企业的数字员工、虚拟业务员等，如阿里的 AYAYI、虚拟模特 Lil Miquela 等。

在 OpenAI 公开的一段视频中，一名戴墨镜的女性漫步在街头，不仅神态、动作自然，面部痘印也清晰可见。除此之外，施展魔法的男巫、教大家做面食的老奶奶以及在外星探索的宇航员等虚拟数字人，都展现出 Sora 生成虚拟人物的强大能力。

有科学家指出，Sora 之所以能实现如此逼真的细节效果，是因为结合了 MetaHuman 的技术训练。这是一种基于 UE5（Unreal Engine 5，虚幻引擎 5）的创造工具，采用 Nanite（一种虚拟几何系统）技术和 VSM（Virtual Shadow Maps，虚拟阴影贴图）技术，能够创建逼真的数字人。

通过大规模地学习虚拟数字人样本，并结合人工神经网络，Sora 能够加深对人脸表情与特征的理解，借助 3D 建模和动画技术进行姿势预估及关键点预测。在此基础上，Sora 可以对大量的人脸数据进行处理、标注、推理和生成，并通过计算空间骨骼点位，打造精细逼真的虚拟数字人，并将其应用于直播、互动、教育培训等场景中。

9.2.2　通过视频讲述复杂的 IP 故事

　　IP 故事是个体与企业宣传、推广 IP 最为有效的手段。在新媒体时代，短视频是与 IP 故事关联度很高的一种媒介形态。通过短视频讲述复杂的 IP 故事，要求制作者选取生动、富有内涵的素材，经过构思剪辑，向观众传达信息、思想和感情。

　　IP 故事由人物、场景和情节三部分构成。人物可以是基于现实生活的真实形象，也可以是基于故事设定的虚拟人设。场景既包括故事创作的场景，也包括用户观看和传播的场景。

　　情节旨在体现反转或冲突，为了吸引用户注意力，许多 IP 故事会把高潮情节放在开头，并在结尾制造悬念。为了突出矛盾，加快节奏，许多 IP 故事采用平行时空、交叉叙事等方式。

　　Sora 推出后不久，Open AI 邀请一众艺术家试用该模型。艺术家们利用 Sora 创作了一系列实验性短片，内容天马行空，富有超现实色彩。

　　其中，短片制作公司 shy kids 创作的《气球脑袋》短片既依托现实，又超脱现实。这段 1 分 22 秒的视频展示了一个拥有气球般黄色脑袋的男人在上班、逛商场、参加派对、徒步等多种情境下的状态。视频中男人的气球脑袋与肩膀完美衔接，而周围的人物、动物及其他物品生动逼真。现实与幻想结合，使整个故事的情节更具娱乐性。

　　OpenAI 和艺术家们并未公开创作短片的构思、流程和详细指令，究竟是输入了一段文字描述，然后按回车键生成，还是经过反复迭代，我们不得而知。但是我们可以知道，Sora 能够应用于 IP 故事讲述，这对创作者的叙事能力提出了更高的要求。

　　正如创意总监 Josephine Miller 所说，Sora 能够快速且高质量地进行概念创作，既变革了传统创作过程，也促使创作者们提升故事讲述能力，在更少的技术限制下充分表达想象力。

9.2.3　虚拟代言人带货成为现实

在品牌营销领域，虚拟数字人的商业价值愈发凸显。随着二次元文化与元宇宙概念崛起，企业应该深入洞察 Z 世代（指 1995 年至 2009 年出生的人）消费者的需求，借助虚拟代言人实现破圈。

目前，虚拟代言人分为两种：一种是品牌方结合自身品牌调性自主打造的虚拟数字人形象，如网易的虚拟主播"曲师师"、与品牌同名的虚拟形象"花西子"等；另一种是品牌方与外部团队打造的虚拟数字人开展商业合作，例如，汰渍与虚拟歌手洛天依合作、梦龙与虚拟偶像 IMMA 合作等。

通过 Sora 的研发和训练我们不难看出，技术的进步使虚拟代言人的规模化生产成为可能。首先，CV（Computer Vision，计算机视觉）技术的持续发展，使虚拟代言人的生产流程得以优化，制作、训练以及运营成本均有不同程度的降低。

其次，语音合成、自然语言理解、指令遵循等智能交互技术日渐成熟，虚拟代言人能够更加充分地学习多维度知识，合成的声音更加真实、自然，在直播场景中能够与用户实时互动，实现多轮对话。

再次，动作捕捉技术与 Sora 相结合，能够提升虚拟代言人的动作真实性与表现力，使其表情更加生动、自然，动作更加流畅。

随着 Sora 的不断发展，品牌既可以复制现实主播形象，也可以另行打造虚拟代言人。凭借高度智能化和互动性，虚拟主播可以实现 24 小时高效直播，还能够实时回答用户问题，给出个性化的建议。

9.3 营销人如何迎合 Sora 时代

Sora 的爆火为内容营销带来更多可能，也让营销人面临新的挑战。不少广告界人士表示，负责实现想象的人会被替代，负责想象的人才更有价值。因此，Sora 的出现越发证明人类创造力的重要性。营销人既要拥抱 Sora 带来的技术革命，也要深入思考，如何创新营销场景，使品牌与用户建立更为紧密的联系。

9.3.1 全民参与：Sora 引爆用户共创热潮

OpenAI 表示，训练 Sora 以理解和模拟物理世界的运动，最终目的是帮助人们解决现实世界中的问题。Sora 的发展与完善是为了实现与用户的深度交互，降低专业化工具的使用门槛，让更多的人参与到视频创作中。

在 2024 年开年营销中，国内外不少企业受到 Sora 的启发，策划以 AI 为核心的营销活动。

以商汤科技与农夫山泉的合作为例。2024 年 1 月，农夫山泉上线生肖龙 AI 绘画小程序，用户可自由创作，画出自己心中的"龙宝宝"形象。为了让用户零门槛画出满意的作品，农夫山泉与商汤团队合作，在文生图大模型"日日新·秒画"的基础上，训练了一个"龙宝宝"专用小模型。

小程序上线不到 1 个月，商汤科技"日日新·秒画"大模型的调用次数就超过 100 万次，并在微博形成了"#召唤我的 AI 守护龙"热搜主题。此次合作以 AI 大模型为技术载体，结合社交玩法，助力商汤科技和农夫山泉实现破圈营销，吸引更为广泛的用户群体，传播效果大幅度提升。

再如，可口可乐借助 AI 技术，推出"龙连你我"系列活动。用户只需要扫描可口可乐龙罐上的二维码，或直接进入官方小程序，上传图片并选择语音包和新年愿望，即可获得定制的心愿团纹。同时，可口可乐设计了一条数字祥龙，每增加一个用户心愿，祥龙就延长一点。这项作品还参与了吉尼斯世界纪录"最多人参与创作的数字作品"的挑战。借助吉尼斯世界纪录的知名度，"龙连你我"营销活动在社交媒体上迅速扩散，用户参与热情高涨，活动取得了巨大的成果。

以 Sora 为代表的文生图、文生视频大模型凭借强大的理解力与互动力，能够在短时间内为用户提供个性化体验，赋予品牌无限的想象力。营销的本质是挖掘潜在用户，扩大盈利空间。未来，企业需要尝试利用 Sora 技术开发社交互动化产品，提高用户参与度，以 AI 技术提升知名度与市场竞争力。

9.3.2　"社交平台+AICG 创作社区"精准连接

随着 AI 技术的迅猛发展，社交应用呈现出一种全新的趋势——"强社交+强开放"。一方面，企业愈发重视开放生态的构建，不断在社交产品中融入多元化的内容模块，同时也在社区产品中巧妙融入更多社交元素，使得二者的界限逐渐变得模糊。企业试图通过"创作+分享"的模式，深度吸引并留住用户，让社交体验更加丰富、多元。另一方面，以 Sora 为代表的生成式 AI 成为焦点，企业积极探索和挖掘这些创新技术带来的社交新玩法与消费场景，为用户带来前所未有的社交体验。

例如，微信是典型的强社交应用，而视频号、小绿书（内测）模块就是其做出的开放化尝试，力求让微信生态从熟人互动走向更为开放的广场式互动。抖音是典型的强开放应用，"发日常""一起看视频"功能以及语音、视频通话则强调一对一互动，强化社交属性。

然而，选择"强社交+强开放"的发展战略并不仅仅是为了补短板，其背后的高用户价值与商业价值已经得到国内外各大企业的普遍认可。

从用户价值的角度来看，社交产品通过差异化的功能吸引特定用户群体并与其建立关系，并借助多元化的互动形式不断拓展关系网络。当关系密度达到一定水平时，网络效应便会显现，促使不同圈层之间交融，进而产生复合价值。部分应用还引入了 AI 机制，确保流量的公平分配，让每位用户都能得到及时回应，从而增强归属感，使关系网络更加坚韧。

从商业价值的角度来看，社交产品普遍通过广告、会员服务等形式变现，商业模式较为单一。而强开放意味着内容和消费场景更加多元化，商业模式有了更大的创新空间。

对于社交产品而言，创新商业模式需要从年轻用户的视角出发，如小红书的种草模式、抖音的 KOL 带货、虚拟偶像模式等，都是以图文创作创新场景，探索商品推介、广告投放的可能性，挖掘流量变现的巨大潜力。

Sora 的出现为 AIGC 带来突破性进展，进一步推动自然语言理解、多模态深度学习等技术的迭代优化。对于社交应用而言，AIGC 能够与"强社交+强开放"平台融合，从用户、产品层面带来更多价值。

从用户层面来看，AIGC 能够在文本、图像、语音、视频等多种领域进行内容生成，以智能对话、情感陪伴等形式，提升用户的参与度和归属感，进而不断拓展社交边界。

从产品层面来看，AIGC 使得社交产品各功能实现融合统一。通过积累数据、深度学习和提升算法，AIGC 可以在合适的时间、地点向合适的用户推送有共同兴趣的人，并推荐合适的话题，提升关系网络构建的效率与质量，从多维度满足用户的交友需求。

以社交平台 Soul 为例，其旗下有聊天机器人应用"AI 苟蛋"与自研大模型 SoulX。基于 SoulX 在多模态对话、内容理解、人设对话等方面的能力，"AI 苟蛋"能够结合用户的发帖、互动等行为对其进行分析，与用户进行个性化沟通。假设用户发了一张聚餐照片，那么通过图片识别、时间感知等技术，"AI 苟蛋"就有可能"猜到"这是用户的生日聚会，并主动为用户送上祝福。

最后，从商业价值的角度来看，以 Sora 为代表的 AIGC 应用能够为社交平台提供更为精准的流量支持。基于对用户的个性化分析，AIGC 能够为其推送定制化的线上、线下服务，进而为企业带来更大的流量价值。

9.3.3　Sora 加强交互，视频激活品牌裂变

品牌裂变是社交媒体时代企业常用的营销手段。通过终端用户在社交圈内的自发传播，如同细胞分裂一样不断发展新的用户，扩大市场份额。

短视频兴起后，视频裂变很快成为一种新的互动营销策略。个体或企业制作带有呼吁性质、触动人心的视频内容，用户完整观看、分享视频均能获得一定的激励。

依托微信、微博等强大的社交网络，视频裂变可以在短时间内迅速触达大量的潜在用户，既能有效吸引新的用户，又能增强老用户的黏性。同时，视频裂变能够引发更多的社交互动，使用户在评论和讨论中加深对品牌的理解和认同，有助于企业树立良好的品牌形象。

从视频裂变的内容来看，Sora 能够提升内容与场景的丰富度。过去的营销视频是企业提供一个特定的视角让用户观看，而作为"世界模拟器"的 Sora 可以从不同视角展现世界形态，如无人机俯视式、跟进追踪式等。Sora 可以从不同的角度和时间维度，让用户体验场景，提升视频观感。

从用户认知的角度来看，Sora 为用户提供了观察、理解与体验品牌的更多可能性。这意味着企业不能再像过去一样，将品牌素材与优势"打包"提供给用户，而是要有选择地提供品牌信息，展现品牌价值。

最后，从社会责任的角度来看，视频裂变促使营销信息在网络空间中传播，信息内容、传播过程不应对社会环境造成不良影响。考虑到 Sora 构筑场景的能力及其不稳定性，企业需要对裂变营销的全过程进行监督管理，慎重使用 Sora 进行内容创作以及与用户互动。同时，企业要做好预案，以应对新技术不稳定带来的突发状况。

第 10 章

Sora+文旅：接驳"智能内容经济"

作为融合了文化、旅游、娱乐等多元素的综合性产业，文旅产业需要寻求创新和突破。Sora 与文旅产业结合，将产生怎样的火花？Sora 大模型作为 AI 技术的新宠，与文旅产业的紧密结合，将为智能内容经济打开全新的发展空间。通过创新元素的注入、智能内容经济的发展以及商业模式的创新，Sora 与文旅产业的结合将开启一个全新的篇章。

10.1　Sora 推动文旅内容变革

Sora 能够通过分析大量的视频数据，学习并模拟出各种视频内容的生成规律。景区运营人员可以利用 Sora 大模型来生成各种具有吸引力的旅游视频，从而吸引更多的游客前来参观。Sora 可以帮助文旅产业实现内容的自动化生成和优化，提高内容的质量和创作效率。

10.1.1 Sora 自动生成景点推广短片

具有吸引力的宣传视频无疑会帮助景区吸引更多游客，提高景区的知名度，拉动经济增长。传统的景点推广短片制作往往需要耗费大量的人力和时间，从策划、拍摄到后期制作，每个环节都需要专业人士的参与。

然而，基于深度学习和自然语言处理技术的 Sora 能够自动完成这些烦琐的工作。用户只需提供景点的相关描述和图片资料，Sora 就能够将这些信息迅速转化为一个生动、有趣的景点推广短片。

Sora 在景点推广短片创作方面有着诸多优势。首先，它极大地提高了制作效率，缩短了制作周期。这对于旅游业来说尤为重要，因为景点的推广效果往往取决于时效性和新鲜度。其次，Sora 的自动生成功能确保了短片的创意性和多样性。通过学习和分析大量数据，Sora 能够产生新颖且富有吸引力的内容，从而吸引更多的游客。最后，Sora 还能够帮助降低推广短片制作成本。传统的短片制作需要雇用专业的摄影师、剪辑师等，而 Sora 则能够在不需要额外人力的情况下完成高质量的短片制作。

Sora 可以模拟各种美丽的自然景观。根据用户输入的相关参数和数据，Sora 可以生成具有高度真实感的山水、森林、湖泊等自然景观，让游客感觉仿佛置身于其中。这种技术的应用可以为用户提供更加丰富的视觉体验，可以帮助那些地理位置偏远或自然环境恶劣的景区吸引更多的游客。

尽管 Sora 在景点推广短片创作方面有出色的表现，但是我们依旧要注意自动生成的内容与观众之间的情感连接。这一点很重要。在 Sora 创作的景点推广短片的基础上，人类创作者可以参与后期编辑和润色工作，以确保短片与观众之间可以建立情感连接。

10.1.2　挖掘游客偏好，创作游玩攻略视频

Sora 可以通过大数据分析明确游客的个性化需求，了解游客的兴趣爱好、旅行习惯以及预算范围。无论是喜欢历史文化还是自然风光，无论是追求奢华体验还是经济实惠，Sora 都能为游客提供量身定制的游玩建议。

例如，一位游客对自然风光和户外运动情有独钟，Sora 可能会推荐他前往云南大理。在视频中，Sora 会详细介绍大理的苍山洱海等风景名胜以及徒步、骑行等户外运动项目。同时，Sora 还会推荐一些当地的特色美食和住宿选择，让游客在享受自然美景的同时，也能品尝到地道的美食，获得舒适的住宿体验。

Sora 还能够为用户提供虚拟旅游体验。对于那些暂时无法亲身前往旅游目的地的用户来说，这无疑是一种全新的体验方式。通过虚拟现实和增强现实技术，Sora 能够将旅游目的地的美景、文化、历史等完美呈现出来，让用户仿佛身临其境。用户在家中舒适地坐在沙发上，戴上 VR 眼镜，就能感受到异国他乡的风土人情，这种沉浸式的体验无疑将极大地增强旅游的乐趣和吸引力。

此外，Sora 还能根据游客的反馈和实时数据，不断优化游玩攻略视频。如果游客在视频中提到了某个景点的人流量较大，Sora 会在后续的推荐中考虑到这一点，为游客提供更加合理的行程安排。这种动态调整和优化，使得 Sora 的游玩攻略视频更符合游客的实际需求。

Sora 的个性化推荐功能能够帮助用户更好地享受旅游过程。不同的用户有着不同的喜好和需求，而 Sora 正是基于用户的个性化需求生成旅游视频，从而更好地满足用户的需求和期望。

10.1.3　推出历史场景复原视频，寓教于乐

通过输入相关的历史数据和文化背景信息，Sora 可以生成高度还原的古建筑、

传统手工艺、民俗风情等文化场景。这不仅可以为游客提供更加深入的文化体验，还有利于保护和传承那些濒临消失的非物质文化遗产。

历史场景复原视频是一种利用人工智能技术对历史场景进行模拟和还原的技术。通过收集大量的历史资料和数据，Sora能够精准地还原历史上的著名场景，让游客仿佛穿越时空，亲身感受历史的魅力。无论是古代的宫殿、战场，还是近代的城市、建筑，都能在历史场景复原视频中得以重现，让游客对历史有更直观的认识。

Sora生成的历史场景复原视频不仅具有高度真实感，还能还原历史事件的细节和背景，使游客仿佛置身于真实的历史场景中。这种沉浸式的体验让游客得以更直观地了解历史事件和历史文化，增强对文化遗产的认知和兴趣。

Sora的这一功能，不仅丰富了人们的娱乐生活，更在潜移默化中传承了历史文化。通过观看历史复原视频，游客可以在轻松愉快的氛围中了解历史发展的脉络，增强对历史的敬畏之心，寓教于乐，让历史学习变得生动有趣。

当然，要实现历史场景复原并非易事。首先，相关人员需要收集大量的历史影像资料，并对它们进行高质量的处理和分析。其次，Sora的生成能力和精度需要不断提升，以确保复原的历史视频具有真实性和可信度。最后，相关人员还需要考虑如何将这些视频与虚拟现实等技术相结合，为游客提供更加便捷的旅游体验。

10.2 体验升级：沉浸式游玩成为主流

在数字化浪潮的推动下，虚拟现实技术以其革命性的创新力量，将我们带入了一个令人叹为观止、身临其境的新世界。而Sora，正是这一前沿技术的杰出代

表，它巧妙地运用虚拟现实技术，为用户打造高度沉浸的旅游体验。在 Sora 的引领下，旅行者得以以一种前所未有的方式探索世界，仿佛置身于真实的场景中，感受着细节之处带来的震撼与感动。

10.2.1 虚拟景点：足不出户预览心仪景点

通过虚拟现实技术，Sora 成功地打破了传统旅游的局限，用户无须走出家门，就能领略到世界各地的美景。无论是壮丽的自然风光，还是历史悠久的文化遗产，Sora 都能通过 VR 技术将这些景象生动地呈现在用户眼前。用户仿佛置身于这些场景中，可以感受到风的吹拂、水的流动，甚至可以听到鸟儿的叫声，仿佛真的置身于那片美丽的土地。

除了视觉上的震撼，Sora 还通过虚拟现实技术，为用户提供了丰富的互动体验。用户可以与虚拟环境中的物体进行交互，如触摸、闻味，甚至与之互动。这种沉浸式的互动体验，让用户仿佛真的成为那个场景中的一部分，与周围的环境融为一体。

通过高精度的 3D 建模和渲染技术，Sora 能够将景点的每一个细节都还原得栩栩如生，让用户仿佛置身于真实的景点之中。

同时，Sora 还能够让用户预览心仪景点，避免盲目出行：在决定前往某个景点之前，用户可以先通过 Sora 进行预览。这样，用户可以对景点的特色、布局和游览路线有全面的了解，从而避免盲目出行带来的诸多不便。

以故宫为例，故宫是我国古代宫殿建筑艺术的瑰宝，每年有大量的游客前来参观。然而，由于人流量较大且有时间限制，导致很多游客无法充分感受故宫的魅力。通过 Sora，游客可以在家中提前预览故宫的各个景点，欣赏壮美的宫殿，了解故宫的历史背景。在游览过程中，用户可以根据自己的兴趣选择想要参观的宫殿和展区，获得更加沉浸的体验。

随着虚拟现实技术不断发展和完善，Sora 在虚拟旅游方面将有更广阔的应用前景。未来，将有更多的景点可以实现虚拟旅游，让用户能够在家中就能感受到世界各地的魅力。

10.2.2 虚拟游玩：根据需求生成游玩视频

通过深度学习技术，Sora 能够深入分析游客的游玩偏好、兴趣点以及心理需求，从而生成高质量的游玩视频。这些视频不仅包含了景点的美景，还融合了历史文化、民俗风情等多种元素，为游客带来了别具一格的虚拟游玩体验。

游客输入自己的游玩需求，Sora 能够根据这些需求智能地生成符合游客期望的游玩视频。这一功能的实现，离不开算法和数据分析的支持。

Sora 收集并分析大量的旅游数据，包括景点介绍、游客评价、游玩时长等。这些数据为 Sora 提供了丰富的知识资源，使其能够更准确地理解游客的需求，并生成符合游客期望的游玩视频。

如果一位游客对山水之美情有独钟，他可以在 Sora 平台上输入自己的游玩需求。Sora 会智能地分析其需求，结合旅游知识图谱，生成一段以山水为主题的高清游玩视频。这段视频可能包含了宁静的湖面、巍峨的山峰等元素，让游客仿佛置身于大自然之中，充分感受其魅力。

如果游客对历史文化、遗迹感兴趣，Sora 能根据其需求生成一段富有历史底蕴的游玩视频。这段视频可能包括古老的建筑、博物馆的藏品、历史人物的故事等元素，让游客在虚拟世界中感受历史的厚重和文化的瑰丽。

10.2.3 虚拟文旅大使：贴心的游玩搭档

在文旅方面，Sora 可以担当文旅大使，成为游客贴心的游玩搭档。

它可以通过分析大量旅游数据，为游客提供个性化的旅行建议，帮助他们制订适合自己的旅游计划。同时，Sora 还能根据游客的兴趣和偏好，为其推荐合适

的景点、美食和文化活动，让游客在旅行中充分感受到当地的特色和魅力。

除了提供个性化的旅行建议，Sora 还能为游客提供实时的旅游信息。通过与各大旅游平台合作，Sora 可以实时更新景点信息、交通状况、天气预报等，确保游客在旅行中始终掌握最新的旅游动态。此外，Sora 还能为游客提供语言翻译服务，帮助他们更好地与当地人交流，进一步融入当地的文化。

Sora 具备情感识别和互动能力，可以担任虚拟文旅大使。它可以通过分析游客的情绪和需求，及时为其提供关怀和帮助。例如，当游客感到疲惫时，Sora 可以向其推荐附近的休息场所；当游客对某个景点感兴趣时，Sora 可以向其提供详细的介绍和游玩建议。这种情感化的互动方式，让游客在旅行中感受到更多的温暖和关怀。

总的来说，Sora 作为虚拟文旅大使，通过其强大的数据处理、实时信息更新、情感识别和虚拟旅游体验等功能，为游客提供了全方位的游玩体验。这一创新举措不仅丰富了游客的旅行体验，还展示了 AI 技术在文旅领域的巨大应用潜力。

10.2.4　虚拟文旅活动：沉浸式感受文旅表演

借助先进的虚拟现实技术，Sora 可以打造虚拟文旅活动，将传统的文旅表演转化为数字化、立体化的形式。想象一下，你佩戴上虚拟现实设备，轻轻按下启动键，你便瞬间被传送到一个充满想象力的虚拟世界。

用户只需佩戴虚拟现实设备，便可置身于一个充满想象力的虚拟世界中，与表演者一同舞动、歌唱，在舞台上充分表达自我。这种沉浸式的体验使用户仿佛置身于现场，与表演者产生更加紧密的联系。

除了身临其境的感受，虚拟文旅活动还为用户提供丰富多样的互动机会。用户可以通过虚拟现实设备与表演者进行实时互动，如鼓掌、献花等，甚至可以在虚拟世界中与表演者合影留念。

这种全新的互动方式为用户带来前所未有的参与感和满足感，使他们更加深入地了解和体验文旅表演的内涵。无论是古老的建筑、繁华的街道，还是独具特色的民俗风情，都能够被完美还原，用户仿佛穿越时空，回到了那个时代。

Sora 打造的虚拟文旅活动具有交互性的特点，用户可以通过虚拟现实设备与表演者进行实时互动，参与到表演中来。这种全新的参与方式，不仅让用户更加深入地体验到表演的魅力，还极大地提高了观众的参与感和沉浸感。

值得一提的是，虚拟文旅活动在将传统文化与现代科技相结合的过程中，还巧妙地融入了各种创意元素。通过虚拟现实技术，传统文旅表演焕发出新的生机与活力，吸引更多年轻用户的关注和喜爱。

10.3　警惕"Sora+文旅"三大问题

技术是一把双刃剑，对于使用者而言既是机遇，也是挑战。文旅行业是一个充满创意和个性的领域，对技术的运用提出了更高的要求。在运用 Sora 时，如何在保持标准化的同时，满足文旅行业对个性化和创新的需求，是一个亟待解决的问题。此外，文旅行业还涉及众多的文化元素和历史背景，如何将这些复杂的信息有效地整合到 Sora 中，也是一项艰巨的任务。

10.3.1　真实性与信任：保护景点声誉

在文旅领域，景点声誉至关重要。一个景点的声誉往往关系到游客的满意度、景点的吸引力以及当地经济的发展。作为一种先进的 AI 技术，Sora 为文旅行业带来了许多创新的可能性。然而，Sora 在推动文旅产业发展的同时，也带来了一些挑战，如影响景点声誉。

一方面，一些不法分子可能利用 Sora 技术的智能识别和分析能力恶意制作虚假旅游视频、传播不实信息等。这不仅会损害景点的声誉，还可能误导游客，导致他们对景点产生误解或不满。

另一方面，随着 Sora 技术的广泛应用，越来越多的游客将通过网络了解和评价景点。如果景点在服务、管理等方面存在不足，这些负面评价将迅速传播，对景点的声誉造成严重影响。

为了应对这些挑战，相关方需要采取一系列措施。首先，有关部门需要加强对 Sora 技术的监管和管理，防止其被用于恶意行为。这包括建立严格的法律法规和技术标准，对使用 Sora 的单位和个人进行严格的审核和监督。

其次，提升景点的服务和管理水平，确保游客在游览过程中获得满意的体验。这包括加强员工培训、完善基础设施、优化旅游线路等。

最后，利用 Sora 技术提升景点的知名度和美誉度。例如，通过制作高质量的旅游宣传视频、开展线上互动活动等方式，吸引更多游客前来参观，同时提升他们对景点的满意度和忠诚度。

10.3.2　知识产权：推广景点和文物等要合规

随着 Sora 在旅游推广、文物展示等方面的应用不断深化，有关知识产权方面的问题也逐渐凸显出来。这些问题不仅关乎 Sora 自身的合规运营，更涉及整个文旅行业的健康发展。

在实际操作中，Sora 面临着一些挑战。一方面，由于文旅行业的特殊性，很多景点和文物都是受到严格保护的，获取授权的难度较大。另一方面，由于网络环境的复杂性，一些未经授权的资料可能会被非法上传和传播，给 Sora 的知识产权保护工作带来困难。

为了解决这些问题，Sora 需要采取一系列措施。首先，Sora 可以加强与文旅机构的合作，通过签订授权协议等方式，获取更多合规的素材资源。同时，Sora

还可以利用技术手段，对上传的素材进行严格地审核和管理，确保所有内容都符合法律法规的规定。

此外，Sora 可以开设知识产权教育主题板块，增强用户对知识产权的认识和保护意识。这不仅可以增强用户的法律意识，还可以为 Sora 营造一个更加健康、合规的运营环境。

通过加强合作、完善审核机制、开展宣传教育等多种方式，Sora 可以确保自身合规运营，为整个文旅行业的健康发展做出贡献。在这个过程中，Sora 不仅展现了其作为文生视频大模型的技术优势，更展现了其积极承担社会责任的良好形象。

10.3.3　内容运营：文旅内容创作者要转型

随着 Sora 的出现，文旅内容创作者在内容运营方面面临着前所未有的挑战，需要进行相应的转型。

Sora 能够根据文字指令自动生成高质量、逼真的视频，使得内容创作者能够以前所未有的速度产出大量内容，但同时也带来了内容同质化的问题。在文旅领域，这一点尤为明显。过去，文旅内容创作者通过亲身体验和深入挖掘创作出独具特色的内容。然而，在 Sora 的冲击下，大量相似甚至重复的内容涌现，使得文旅内容的独特性受到了挑战。

为了应对这一挑战，文旅内容创作者需要从以下 3 个方面出发进行转型，如图 10-1 所示。

首先，文旅内容创作者需要提升自身的专业素养和创新能力，以创作出更具深度和独特性的内容。这包括但不限于深入了解地域文化、历史背景、民俗风情等，以及掌握新的创作技巧和方法。

其次，文旅内容创作者需要加强与用户的互动和沟通。在数字时代，用户的需求和喜好日益多样化。因此，创作者需要密切关注用户的反馈和需求，及时调整创作方向和内容。通过与用户互动，创作者不仅能够更好地理解用户的需求，还能够增强用户对内容的认同感和归属感。

提升自身的专业素养和创新能力

加强与用户的互动和沟通

持续关注AI技术的发展和变革

图 10-1　文旅内容创作者转型方向

最后，文旅内容创作者需要持续关注 AI 技术的发展和变革。随着 AI 技术不断进步和迭代，Sora 等 AI 工具的功能和性能将不断提升。因此，创作者需要对新技术保持敏感并积极学习，以尽快掌握新的技术和方法，提升自己的创作水平和竞争力。

总之，文旅内容创作者需要积极应对 AI 技术带来的挑战，提高自身的技术应用能力，这样才能获得长久的发展。

第11章

Sora+医疗：探索医疗服务新机遇

AI技术的发展推动着很多行业进步，其中医疗行业作为与AI技术紧密结合的关键领域，正迎来前所未有的发展机遇。Sora以其卓越的视频生成能力，为医疗机构、医患关系以及医疗职业带来了全新的发展契机，从而引领着医疗行业迈向更加广阔的未来。

11.1 Sora创新之医疗机构变革

Sora能够推动医疗机构变革，例如，能够生成三维模拟视频，实现更加精准的医疗诊断；能够生成病患视频，方便医生远程观看；能够生成医疗机械的使用短片，提供全新的医疗器械展示视角；能够生成逼真的手术视频，为医生提供学习复杂手术技巧的途径等。在Sora的帮助下，医疗环境将会改善，医疗服务水平将进一步提高。

11.1.1　以三维模拟视频展示病变情况

人类的身体是一个动态系统，各个器官与组织之间是相互联系的。一些器官与组织的变化可能会引发一些疾病。在传统医学中，医生往往利用图片进行观察，然而随着 Sora 的出现，医生可以使用 Sora 生成三维模拟视频，更加直观地展现病变情况。

Sora 生成的三维模拟视频的主要应用场景是疾病诊断、讲解病情和医疗教学。

（1）疾病诊断。三维模拟视频能够在疾病诊断中发挥重要的作用。例如，在心脏病诊断方面，Sora 能够生成心脏的三维模拟视频，医生能够详细观察心脏的内部结构，及时发现病变并进行治疗。借助视频中心脏的跳动频率和血液流动速度，医生能够诊断出心脏病的类型以及严重程度。

（2）讲解病情。医生可以利用 Sora 生成用于展示病情的三维模拟视频，生动形象地向患者展示其病情，并说明治疗方案。通过 Sora 生成的三维模拟视频，患者能够更加了解自己的病情，增加对医生的信任并认可治疗方案。

（3）医疗教学。在传统的医疗教学中，教师一般通过书本、幻灯片等向学生传授知识。而这些方式往往并不具备直观性，学生不能完全掌握知识。而通过 Sora 生成的三维模拟视频，学生可以认真观察人体结构，更快、更直观地学习知识，教学效果更好。

Sora 生成的三维模拟视频主要有以下 3 个优势，如图 11-1 所示。

（1）直观性。Sora 生成的三维模拟视频能够直观地展现人体结构，能够帮助学生更好地理解人体结构，提高教学效果。对于医生而言，三维模拟视频能够更清楚地展示病变情况，医生可以为患者提供对应的治疗方案。

（2）动态性。Sora 生成的三维模拟视频具有动态性，能够展现人体系统的动态发展，帮助学生了解病情发展的过程。

（3）精细化。医生借助视频能够了解人体组织的病变细节，便于医生制订更加合理的手术计划，提升手术成功率。

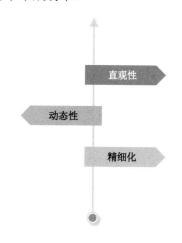

图 11-1　Sora 生成的三维模拟视频的 3 个优势

总之，随着 Sora 生成视频的效果不断提高，其即将成为医学领域的重要工具，为医学教育、研究、诊断等方面带来巨大的变化。借助 Sora 生成的三位模拟视频，学生和医生能够对医学知识有更深入的了解，提升自身的业务水平，实现治疗方案的优化。

11.1.2　治疗计划与病例的远程讨论

在医疗会诊过程中，医生偶尔会通过远程会议的方式进行病例讨论并制订治疗计划。这种方式主要有 3 个优势，如图 11-2 所示。

（1）打破了时间、空间的限制。一些偏远地区的患者去大城市看病需要来回奔波，不仅费时费力，而且面临着高昂的医疗费用。而线上远程会诊的方式能够解决医疗资源分布不均的问题，使偏远地区的患者也能够享受到高质量的医疗服务。

（2）提高了病例讨论的效率与参与度，提升医生的专业能力。在线上对复杂病例进行讨论，能够使医生在交流中不断提高自身的专业知识，了解各类疾病的

特征，在日后的治疗中做出更加精准的决策。远程病例讨论也能够提高基层医院医生的能力，一些基层医院的医生医疗条件差，无法进一步提高能力，通过远程讨论，其能够进行学习，提高自身能力。远程病例讨论有助于培养更多医疗人才，进一步推动医学领域的发展。

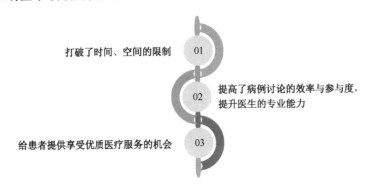

图 11-2　远程讨论的优势

（3）给患者提供享受优质医疗服务的机会。线上远程讨论能够汇集各个地区有名的专家，患者能够获得更加专业的治疗意见和有针对性的治疗方案。这还能够减少患者的医疗支出，减轻其经济负担。

虽然治疗计划与病例远程讨论有诸多好处，但也存在一定缺点，即直观性差。通过线上视频连线的方式进行病例讨论，医生无法对病例进行深入研究，诊断的精准性有所下降。然而 Sora 的出现能够解决这一难题。Sora 能够根据文字生成视频，通过医生的描述，Sora 能够生成相应的病患视频，向医生精准展示病例，更有利于他们进行交流，制定出合理的方案。

11.1.3　生成医疗器械使用说明短片

医疗机械指的是直接或间接作用于人体的仪器、设备等。一些医疗器械使用难度大，许多患者无法通过说明书了解使用方法。在这种情况下，Sora 能够为患者提供帮助。在未来，企业可以利用 Sora 生成医疗机械使用说明短片，帮助患者使用医疗器械。Sora 生成的医疗器械使用说明短片主要有以下作用，如图 11-3 所示。

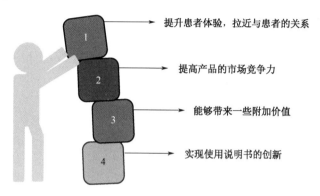

提升患者体验，拉近与患者的关系

提高产品的市场竞争力

能够带来一些附加价值

实现使用说明书的创新

图 11-3　医疗器械使用说明短片的 4 个作用

（1）提升患者体验，拉近与患者的关系。医疗器械使用说明短片能够成为产品与患者交互的桥梁，提高产品使用体验。一些较为复杂的医疗器械的说明书往往晦涩难懂，而借助说明短片，便能够更加清晰地向患者传达产品的功能和使用方法，帮助患者快速上手使用产品。如果患者借助说明书无法理解产品的使用方法，可能会对产品产生负面情绪，降低产品满意度。

（2）提高产品的市场竞争力。医疗机械使用说明短片不仅能够指导患者使用医疗器械，满足患者的需求，还能够提升产品的市场竞争力。在医疗器械市场上，许多产品的功能大同小异，但是说明书存在差别。如果医疗机械产品有配套的使用说明短片，那么患者能够感受到企业的贴心，从而增强对企业的信任，提升购买意愿。

（3）能够带来一些附加价值。医疗机械使用说明短片能够为患者带来附加价值。患者通过观看短片，能够学习一些医疗器械的使用技巧，更好地使用产品。在一些短片中，患者还能够学习到医疗器械出现故障时的解决方法。

（4）实现使用说明书的创新。随着科学技术的不断发展，当一些企业还在使用纸质或者电子说明书时，一些企业已经开始通过短片展示医疗器械的使用方法，

为患者提供直观的指导。

总之，企业借助 Sora 能够实现医疗器械说明书的创新，指导更多患者正确使用医疗器械，发挥医疗器械的最大价值。

11.1.4 医疗教育：逼近真实的手术培训视频

医生承担着救死扶伤的责任，需要不断提升自己的专业水平，及时学习新知识与新技能。尤其是负责做手术的医生，只有不断的学习，其才能拥有精湛的技术，为患者提供更加优质的医疗服务。

手术培训视频是医生学习手术技巧的途径之一，但是手术培训视频的数量、覆盖范围有限，可能无法满足医生的一些具体化需求。而 Sora 生成手术培训视频能够很好地解决这一问题。Sora 生成手术培训视频主要有以下几点优势。

（1）能够快速生成视频，生成的视频效果十分逼真。Sora 能够在几分钟内生成手术培训视频，且内容十分逼真，能够以假乱真，对一些细节也处理得十分到位，为医生提供优质的学习视频。

（2）能够为医生提供宝贵的学习资料和更全面的学习体验。医生可以通过 Sora 生成的手术培训学习手术操作和技巧，如心脏手术的操作步骤、腹腔机械的使用技巧、解剖的方法等。而对于一些实习医生而言，他们还没有资格进行手术，那么手术培训视频便是他们学习手术操作技巧的一种有效途径。Sora 生成的手术培训视频是这些实习医生进行学习的宝贵资料，能够为他们提供清晰的操作指南。

（3）学习最新的手术操作技术。手术领域发展得十分迅速，很多技术都能够被应用于手术中。医生能够通过手术培训视频了解新的手术技术，并更新自己的知识库，提高自身的技术。

（4）进行错误演示警示学生。通过手术培训视频，实习医生能够了解一些手术中的失误或者不当行为，从而避免出现这种失误。

11.2　Sora 创新之医患关系优化

Sora 能够改善医患关系，医生可以通过 Sora 生成的视频向患者解释复杂的手术风险，使患者更清楚地了解自己的病情。Sora 可以打造虚拟医生，随时随地为患者服务，使患者能够更加安心。此外，Sora 能够有效减小医患之间的信息差，提升患者对医生的信任。

11.2.1　通过视频解释复杂的手术风险

众所周知，手术往往有一定的风险，一些患者往往十分惧怕这些风险，从而对手术产生恐惧。在这种情况下，医生可以利用 Sora 解释复杂的手术风险，使患者理解治疗方法，从而缓解焦虑情绪。

作为一种有效的治疗手段，手术往往是医生在详细了解患者病症的基础上，结合患者实际情况而确定的治疗方法。从现代医学的角度来看，医生选择的治疗方法往往能够使患者身体快速恢复，但一些患者认为自己的病症需要动手术那一定是十分严重的，因此会焦虑、害怕。对于这类患者，医生的口头安抚可能起不到作用，而 Sora 可以提供帮助。

Sora 能够根据医生的描述生成视频，让患者直观地看到手术效果，这样患者可能会打消疑虑。例如，过去的胆囊切除手术需要开腹，而如今的胆囊切除手术仅需通过腹腔镜在肚皮上打几个眼便可以了。而 Sora 能够生成胆囊切除手术的视频，消除患者的担心。

此外，过去的静脉曲张治疗可能会留下许多疤痕，而如今医生采用旋切技术，几乎不留痕迹。利用 Sora 生成视频向患者展示治疗方法，能够打消患者的疑虑。

总之，任何手术都有风险，而借助 Sora，医生能够实现与患者的有效沟通，帮助患者理解复杂的手术风险，使患者更容易接受。

11.2.2　虚拟医生随时随地服务患者

随着人口老龄化的加剧和各类慢性病的出现，人们对医疗资源的需求不断增加，传统的医疗模式已经无法满足人们的需求。而随着技术的不断发展，虚拟医生应运而生，人们能够获得更加高效、便捷的医疗服务。

虚拟医生指的是利用 Sora、大数据等技术，为人们提供便捷、高效的医疗服务的程序。虚拟医生能够借助大量的医疗数据和资料获得丰富的医疗知识，为患者提供病情咨询、诊断等服务；能够借助 Sora 合成影像视频，拉近与患者的距离，增强患者的信任感。

虚拟医生能够为患者提供全面的医疗服务，主要包括以下几个方面，如图 11-4 所示。

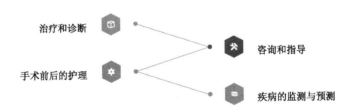

图 11-4　虚拟医生能够提供的医疗服务

（1）治疗和诊断。虚拟医生能够根据患者讲述的症状进行诊断并制订相应的治疗计划。利用虚拟医生进行病情诊断，能够减少患者在门诊的排队时长，提高就医效率。

（2）咨询和指导。患者在日常生活中遇到健康问题都可以咨询虚拟医生，从而解决自己的疑惑。虚拟医生可以解答患者提出的健康问题，并帮助患者更好地调养身体。

（3）手术前后的护理。医生往往十分繁忙，可能存在叮嘱不到位的情况。而虚拟医生能够利用 Sora 生成模拟手术场景，帮助患者了解手术过程和风险，疏解患者的紧张情绪。手术后，虚拟医生也可以为患者提供康复指导，帮助患者更快地恢复健康。

（4）疾病的监测与预测。虚拟医生能够利用 AI 技术对患者的医疗数据进行监测与分析，并及时预警可能出现的健康问题。

总之，虚拟医生借助人数据能够为患者提供专业的医疗服务；借助 Sora 能够生成专业的影像使用户直观了解医疗场景，为患者带来更多的便利。未来，虚拟医生的需求量将会大幅增加，迎来快速发展。

11.3　Sora 时代的医疗新职业

Sora 不仅改善了医疗服务，还催生了一些新兴职业，如医疗可视化设计师、医疗多媒体内容编辑等，为用户提供了更多的就业机会。

11.3.1　医疗可视化设计师

Sora 具有强大的视频生成能力，能够生成逼真的医疗教育与培训视频，为医生和医学生提供可视化的场景，帮助他们理解复杂的医学概念和手术技巧。在感叹 Sora 为医疗领域带来变革的同时，许多医生仍有一些担忧。

一些医生表示，虽然 Sora 能够推动医疗领域不断发展，但是如果使用不当，也可能会带来许多危害。一方面，Sora 生成的医疗培训视频可能存在不准确的问题，可能会误导医学生，导致医学生学习错误的医疗知识。另一方面，可能会引发新的医患沟通问题。患者观看 Sora 的手术演示视频后，可能会对手术的复杂程度产生误解，认为手术过于简单而价格过于高昂或者手术过于复杂，质疑医生的技术。

　　面对这些问题，医疗可视化设计师这一新兴职业出现。医疗可视化设计师具备专业的医疗知识和一定的技术水平，能够利用 Sora 精准地生成相关医疗视频。医疗可视化设计师需要具备 4 项能力，如图 11-5 所示。

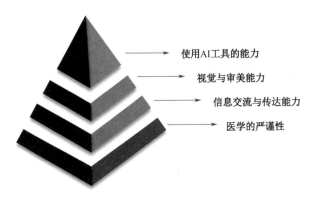

图 11-5　医疗可视化设计师需要具备的能力

　　（1）使用 AI 工具的能力。医疗可视化设计师需要熟练使用 Sora，能够利用 Sora 生成合适的视频。

　　（2）视觉与审美能力。医疗可视化设计师是医学与艺术相结合的职业，对审美有一定的要求。此外，医疗可视化设计师还需要利用高度还原的视觉保证视频内容的真实性和准确性。

　　（3）信息交流与传达能力。医疗可视化设计师在利用 Sora 制作视频时，需要不断总结信息交流的方法，力求使用简洁的语言传递关键信息。

　　（4）医学的严谨性。医疗可视化设计师制作视频时需要遵循医学的严谨性，确保视频内容严谨、准确，避免不准确或错误的信息误导他人。

　　总之，作为新兴职业，医疗可视化设计师能够利用 Sora 为医疗行业提供许多实用又具备准确性的医学视频，推动医疗行业发展。

11.3.2　医疗多媒体内容编辑

社会的发展使得用户的健康意识逐渐提高，医疗科普行业发展速度加快。医疗科普主要是对医疗知识进行普及，能够提高用户的健康素养，助力用户拥有健康的体魄。医疗科普行业涉及的范围十分广泛，包括医疗健康科普书籍、网络媒体、社交媒体等。医疗科普行业的发展与多个因素有关，如图 11-6 所示。

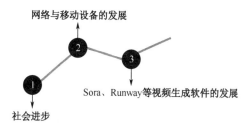

图 11-6　影响医疗科普行业发展的因素

（1）社会进步。随着社会的进步，用户的物质需求得到满足，更加注重精神需求，更加注重身体健康。越来越多的用户希望通过学习医疗知识来增强自身体质，提高身体健康程度。

（2）网络与移动设备的发展。借助发达的媒体，用户能够通过多种途径获取医疗健康知识，这也为医疗科普行业的发展提供了更多的可能性。

（3）Sora、Runway 等视频生成软件的发展。随着各类短视频软件的流行，短视频成为传播医疗科普的重要方式。许多医疗科普行业的从业者利用 Sora、Runway、Pika 等视频生成软件制作科普视频，提高了视频制作的效率。

医疗科普看似十分简单，但是想要将其做好有一定的难度，这需要医疗科普从业人员利用简洁的语言将复杂的问题讲明白。在 ChatGPT、Sora 出现后，用户可以借助 ChatGPT 进行科普文案的生成，利用 Sora 进行科普视频的生成，医疗科普行业的入行门槛降低。

在这种情况下，医疗科普行业可能会出现一些乱象。为了整治医疗科普行业的秩序，医疗多媒体内容编辑这一职业诞生。医疗多媒体内容编辑主要负责对 Sora 生成的视频进行内容编辑与审核，确保视频内容正确，避免误导用户。

医疗多媒体内容编辑需要满足三个条件：一是具备扎实的医学专业知识，能够指出视频内容的错误；二是了解内容合规与版权等方面的只是，避免视频内容出现版权问题；三是具备深厚的文字功底，使视频内容更加连贯。

总之，ChatGPT、Sora 等 AI 工具能够推动医疗科普行业的发展，同时也会催生更多新兴职业，为用户提供更多的就业机会。

第 12 章

Sora+教培：定义未来学习

Sora 能够应用于教培行业，重塑教育生态，定义未来的学习。具体来说，Sora 具有的视频生成能力能够推动教育可视化、能够应用于各类培训视频的制作等，为教育领域带来前所未有的变革，提高教育培训的效率。

12.1　Sora 推动教育可视化

Sora 能够将抽象的文字转化为视频，自动生成线上课程、实验课程等，通过可视化的教学提高学生的学习效率；还可以为学生模拟真实的学习场景，使学生身临其境，打造沉浸式的学习氛围。

12.1.1　自动创作高质量的线上课程

传统的线下教育已经无法满足用户的需求，加之互联网技术的快速发展为线上教育提供了支持，线上教育逐步发展起来。而 Sora 无疑为线上教育的进一步发

展提供了推动力。

教师在线上教学会面临一些困难：一方面，教师需要完成视频内容制作、录制、剪辑等一系列工作，这对教师的视频剪辑能力有一定的要求；另一方面，教师制作的视频可能在趣味性、吸引力等方面有所欠缺，无法引起学生的注意，造成学习效果低下。在这些情况下，线上课程不仅不能提高学生的能力，还会起到相反的效果。

Sora 能够减轻教师的负担，帮助教师制作出高质量的线上课程。将 Sora 应用于线上课程制作主要有以下几点好处，如图 12-1 所示。

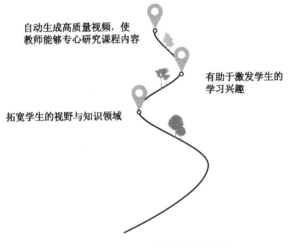

自动生成高质量视频，使
教师能够专心研究课程内容

有助于激发学生的
学习兴趣

拓宽学生的视野与知识领域

图 12-1　Sora 生成线上课程的好处

（1）自动生成高质量视频，使教师能够专心研究课程内容。Sora 能够承担视频制作工作，因此，教师只需要将精力集中于钻研课程内容，制作出高质量的课程内容文本，为 Sora 生成线上课程提供优质文本。

（2）有助于激发学生的学习兴趣。相较于教师枯燥地讲授，学生更喜欢通过听觉与视觉相结合的方法获得知识。教师利用 Sora 生成视频，能够将抽象的知识转化为生动的画面，学生更有兴趣、更容易接受。此外，利用生动有趣的视频进行知识点讲解，还能够激发学生的学习兴趣，提高学生的学习热情。

（3）拓宽学生的视野与知识领域。学生能够通过形式丰富的视频从乏味的课堂中解放出来。通过视频，学生能够学习到更多的知识和有趣的文化，学生的求知欲更旺盛。在视频中，教师还能够呈现出一些与课程有关的实例，加强学生对知识的印象。

总之，教师借助 Sora 能够生成内容丰富、有趣的线上教学视频，提高线上课程的质量。此外，教师能够有更多时间投入到教学研究中，为 Sora 提供优质的教学文本。

12.1.2　生成实验视频，保证安全性

在教学过程中，教师可能会通过实验的方式向学生展示知识。实验能够增强学生对知识的理解，培养学生的科学精神，激发学生的学习兴趣与动力。但是一些实验有一定的危险性，无法进行实际操作。

（1）一些试剂会对人体造成危害。虽然教师在演示实验时已经考虑到一些试剂会对人体造成危害，但有时候无法避免用到一些对人体有危害的试剂。

（2）操作不到位引发教学事故。如果实验时教师操作不到位可能会引发教学事故。例如，某小学的某名科学教师在课上为学生演示科学实验，因为操作不到位导致正在挥发的酒精与空气产生了混合气体，在遇到还未冷却的蒸发皿时产生了闪燃现象，导致几名学生被烧伤。

作为教学过程中必不可少的环节，实验在学生教育中发挥着重要的作用。为了提高实验的安全性，教师可以采用 Sora 生成实验视频。

教师只需要在 Sora 中输入实验步骤，Sora 便可以根据文字生成对应的实验视频，在保证安全性的同时向学生传递了实验知识，更有利于学生的学习与进步。

未来，随着 Sora 的不断发展，其将能够生成更长的视频，视频的逼真程度也会有所提高，能够助力教师进行教学。

12.1.3 模拟真实场景，实现沉浸式学习

近年来，情景化教学成为教育改革中一大热门话题——把理论置于真实情境中，让学生把现实生活与理论知识联系起来，在解决问题的过程中掌握知识。

作为"世界模拟器"，Sora 在创设情境方面有着得天独厚的优势。其能够模拟真实世界，创设学习场景，增强学生的学习体验，加深学生对知识的记忆。

然而，如果仅仅把 Sora 视作教学辅助工具，就忽略了其对教育的革命性意义。Sora 的发展证明了人类与 AI 协同学习的重要性。所谓情景化教学，本质上是将学生置于世界之中，教会他们认识世界、探索知识的方式方法，进而实现知识的传递与文明的传承。

借助 Sora 模拟真实场景，教师能够引领学生深入现象之中，自我探寻并组织相关信息，逐步构筑起自己的知识体系。这不仅是 AI 时代教育发展的必然趋势，更是培养学生自主学习、探索创新能力的关键所在。

通过 Sora 实现沉浸式学习，能够充分激发学生的内在潜能，打破传统学习模式的束缚，使学习成为他们内心的一种自然需求，从而进一步彰显每个学生的独特价值。

以 Sora 为代表的 AI 大模型使教育从"认知时代"走向"体验时代"，并重新定义创造。

教育者传授知识的最终目的是引领学生超越既有知识的局限，开拓新生事物的创造与演进之路。过去，创造主要聚焦于"事物"本身，然而，随着时代的发展，未来的创造将以"体验"为核心，注重个体在知识世界中的沉浸与感悟。

通过使用 Sora 实现沉浸式学习，能够帮助学生摆脱思维桎梏，使学生勇于探索新的现象，在不断试错中发现新的创造点，赋予知识无限的延展空间。

12.2　培训与 Sora 的"化学反应"

Sora 能够与培训相结合，产生奇妙的"化学反应"。借助 Sora，讲师可以自研培训课程，企业可以以视频的形式展现培训案例，虚拟讲师能够帮助人类讲师减负。这些都推动培训行业的发展。

12.2.1　讲师自研培训课程

对于讲师来说，自研培训课程是一项充满挑战的任务。他们需要不断地尝试、调整和完善，才能打造出一门高质量的课程。而在这个过程中，Sora 模型可以成为他们的得力助手。

Sora 可以帮助讲师更好地理解和分析教学视频，从而自研出更加符合学生需求的培训课程。讲师可以通过 Sora 对视频进行深度挖掘，提取出视频中的关键信息，如学生的反应、教学内容的呈现方式等，以此来改进课程。

使用 Sora，讲师能够更精准地把握学生的需求和学习特点，从而制定出更加有针对性的教学策略。例如，讲师可以根据学生的反应调整教学节奏，优化教学方法，使课程内容更加生动、有趣。

此外，Sora 还可以帮助讲师快速定位教学中的问题，如学生的困惑点、教学内容的难点等，从而及时改进和调整。这些都有助于提高教学质量和效率，实现更好的教学效果。

通过对学生的学习习惯、兴趣爱好等方面的分析，Sora 能够为讲师提供建议，使课程内容更加贴近学生的实际需求。同时，讲师还可以根据 Sora 提供的数据优

化课程结构、调整教学进度，从而实现个性化教学。

Sora 拥有强大的实时监测功能，能够准确捕捉视频质量、内容呈现等方面的问题。在录制课程的过程中，Sora 会对视频进行细致入微的分析，确保画面清晰流畅，发音准确无误。一旦发现问题，系统会立即提醒讲师进行调整，从而避免了后期剪辑的烦琐和时间的浪费。

Sora 凭借强大的视频分析和处理能力，成为讲师自研培训课程的重要工具。它不仅提高了课程的质量和效果，也为教育领域带来了新的变革和启示。

12.2.2　以视频的形式展示培训案例

企业利用视频的形式向员工展示培训案例是一种有效的培训策略。通过观看培训案例，员工能够更好地理解和掌握知识，提高自身能力。

例如，某个医院经常组织医生观看医疗纪录片。与传统培训的沉闷氛围不同，医生在观看医疗纪录片时聚精会神，眼睛紧紧注视屏幕，生怕错过一秒视频情节。

该医院曾经组织医生观看一个心脏病救治过程的纪录片。通过观看这一纪录片，医生学习了心脏病的发病机制、临床表现以及相应的治疗方法。

在纪录片播放的过程中，医生仿佛身处临床现场，能够感受到现场的紧张氛围。在治疗过程中，医生也会进行交流。纪录片播放大屏会随着纪录片的进度与用户随时互动，当出现疑难病例时，纪录片播放大屏会询问医生应该采用什么治疗方法。医生积极进行互动，现场氛围很活跃。

医生对于这种培训方式十分喜爱，这种具有故事性的培训方式能够提高医生的沉浸感，使医生身临其境，能够更加认真地接受培训。

但这种培训方式需要精心的视频剪辑与呈现，十分耗费时间与精力。这种情况随着 Sora 的出现有所缓解。Sora 具备强大的视频生成和处理能力，能够根据课程培训的需求，以视频的形式展示所需的案例。这种生动的展示方式，使得学习者能够更加直观地理解课程内容，提高学习效果。

具体来说，一方面，Sora 能够根据输入的培训案例生成相应的视频，提高培训的效率和效果；另一方面，Sora 能够提取影片的关键部分进行剪辑，呈现出视频的精华，为学习者提供优质的视频。

在 Sora 的帮助下，企业能够拥有更多高质量的培训视频，丰富员工的知识储备，推动员工技能更新。通过观看 Sora 生成的培训视频，企业员工参加培训的活力更足、学习热情更高。此外，在观看 Sora 生成的培训视频的过程中，员工之间会进行交流，有利于形成更加紧密的关系和更加温馨的工作氛围。

12.2.3　虚拟讲师为人类讲师减负

Sora 不仅拥有丰富的知识储备，还能够模拟真实讲师的教学方式，为学习者提供个性化的辅导。它不仅缓解了人类讲师的教学压力，还使得教育资源得以更加公平地分配。

首先，Sora 能够承担大量的基础教学任务。通过深度学习技术，Sora 可以快速分析学习者的学习数据，为每个人量身定制学习计划。无论是讲解基础知识，还是解答复杂问题，Sora 都能够迅速给出准确、清晰的答案。这样一来，人类讲师就可以将更多的精力投入到课程设计、教学方法研究等更高层次的工作中，提高教学质量。

其次，Sora 具备高度的互动性和自适应性。在教学过程中，Sora 能够根据学习者的反馈和表现，及时调整教学策略，确保每个学习者都能够得到适合自己的辅导。此外，Sora 还能够与学习者进行实时互动，解答疑问、提供建议，使得学习过程更加轻松愉快。

最后，Sora 为教育资源的公平分配提供了可能性。在传统的教育模式下，优质的教育资源往往集中在少数发达地区和学校。而在 Sora 的帮助下，无论学习者身处何地，只要有网络连接，学习者就能够享受到优质的教育资源。这有助于缩小地域差异，让更多人受益。

虽然 Sora 具有诸多优势，但它并不能完全取代人类讲师。毕竟，教育不仅仅是传授知识，更是一个情感交流、人格塑造的过程。人类讲师在引导学生成长、培养学生的综合素质方面具有不可替代的作用。

Sora 可以成为虚拟讲师，为人类讲师减负，这给教育领域带来了新的变革。未来，随着技术的不断进步，Sora 将在教育领域发挥更大的作用，为更多人带来优质的教育体验。

第13章

Sora+新质生产力：重新定义

当 Sora 与新质生产力相遇，它们之间的碰撞和融合会为我们带来哪些惊喜呢？Sora 以其强大的视频处理能力，为新质生产力提供了强大的技术支持，使得内容生产更加高效、精准。而新质生产力则以其独特的创新力和先进性，为 Sora 提供了源源不断的创作灵感和动力。二者的结合，不仅推动了视频制作技术的进步，更在某种程度上重新定义所有的行业、视觉体验、文化、生活和消费方式。

13.1　新质生产力的历史意义

新质生产力展示了科技创新对生产力和社会进步的巨大推动作用。随着 Sora 等新质生产力的不断发展，未来的社会将更加智能化、高效化和多样化。但是，我们也需要关注新质生产力带来的挑战和问题，如数据安全、隐私保护、人工智能伦理等，并积极寻求解决方案和对策。

13.1.1　新质生产力的核心

在快速发展的现代社会中，新质生产力成为推动社会进步和经济发展的关键因素。那么，什么是新质生产力？其核心是什么呢？

首先，我们需要理解新质生产力的概念。顾名思义，新质生产力是一种全新的、具有创新性的生产力，是由技术革命性突破、生产要素创新性配置、产业深度转型升级而催生的先进生产力，以全要素生产率提升为标志。它不再仅仅局限于传统的物质生产，而是更加注重科技创新、知识创新和人才创新。新质生产力不仅提高了生产效率，更推动了技术进步和产业升级。

新质生产力的核心在于创新，关键在于培育经济发展新动能，重点在于形成新产业。而在创新中，科技创新是重中之重，高质量的科技创新是推动新质生产力发展的关键因素。随着科技的不断进步，高质量的新技术、新工艺和新材料被应用到生产过程中，大幅提高了生产效率和质量，降低了生产成本，提高了产品的市场竞争力。

同时，科技创新推动了产业结构升级，催生了众多新兴产业。随着传统产业的逐渐衰落，新兴产业蓬勃发展，成为推动经济发展的新动力。而大量存在关键性、颠覆性技术的领域，如新一代信息技术、新能源、新材料、先进制造、量子科技、脑机接口、卫星互联网、人形机器人、生物技术等，都需要和人工智能进行更为紧密的结合。

人类社会的发展历经四次科技革命，从蒸汽机时代、电气化时代、信息化时代一路走来，智能化的新质生产力时代已经到来，而智能化的关键要素就是人工智能以及其与各个行业的结合。相较于传统生产力，新质生产力具有颠覆性创新驱动、发展速度快、发展质量高等特点。作为人工智能风向标的 Sora，必将在以智能技术为代表的新一轮技术革命和生产力跃迁中，起到不可替代的重要作用。

13.1.2　创新要素与产业升级

新质生产力基于科技升级、管理创新、制度创新等多方面的综合作用力，通过高质量的科技手段，以优化资源配置、提高生产效率、降低生产成本等方式，实现产业的高效发展和多方面的持续升级。

新质生产力通过创新技术推动科技升级。随着人工智能、大数据、云计算等新一代信息技术的迅猛发展，越来越多的企业和行业开始运用这些先进技术，实现生产过程的智能化、自动化和数字化。这些技术不仅提高了生产效率，还降低了能耗和排放，推动了绿色、低碳、可持续的生产方式的发展。同时，这些技术还能够促进产业升级，帮助传统产业实现转型升级，提升竞争力。

其次，新质生产力通过先进工艺推动科技升级。随着新材料、新工艺不断涌现，传统生产方式逐步被新型生产方式所取代。例如，3D 打印技术、纳米技术、生物技术等先进工艺使得产品制造更高效、更精准。这些先进工艺不仅提高了产品质量和性能，还降低了生产成本，减少了资源消耗，推动了产业的升级换代。

管理创新是新质生产力的重要支撑。通过引入先进的管理理念和方法，企业可以更好地组织生产、协调资源、优化流程，从而提高生产效率和管理水平。此外，制度创新是新质生产力的保障和重要引领。它涵盖了政策环境、法律法规、市场体系等多个方面，为产业发展提供了良好的制度保障。

在信息技术、人工智能、新材料等领域，不断涌现的新技术为产业升级提供了强大的动力。例如，智能制造技术的广泛应用，使得传统制造业得以向数字化、智能化的方向转型，大幅提高了生产效率和产品质量。同时，新技术的出现也催生了一批新兴产业，如云计算、大数据、物联网等，这些产业发展迅速，对传统产业产生了深远的影响。

优化资源配置是新质生产力的关键所在。在全球化的大背景下，资源的流动和配置更加灵活和高效。通过优化资源配置，实现资源的最大化利用和效益的最大化，是新质生产力发展的重要保障。例如，共享经济模式兴起，使得闲置资源得到了充分利用，不仅提高了资源利用效率，还为人们提供了更加便捷的服务。

新质生产力对产业升级的推动作用不仅体现在对产业结构的优化上，更体现在对产业发展模式的转变上。在新质生产力的推动下，产业发展由传统的要素驱动向创新驱动转变，由低附加值向高附加值转变，由线性发展向循环发展转变。这些转变不仅提高了产业的整体素质和竞争力，也为经济的可持续发展注入了新的活力。

13.1.3　历史意义：告别传统过去，迎来新质未来

在数字化浪潮的推动下，科学技术日新月异，新质生产力已经成为推动社会进步和变革的重要力量。

新质生产力对于社会进步和变革具有深远影响。新质生产力的兴起，使得知识、技能和创新成为推动社会进步的关键因素。这激发了人们的创造力和创新精神，促进了社会文化的繁荣和发展。同时，新质生产力还推动了社会治理体系的创新和完善，提高了政府服务效率和公共服务水平，增强了社会的和谐稳定。

我国对新质生产力高度重视，将影响全球经济格局。在经济全球化的大背景下，新质生产力的发展将为各国提供共同发展的机遇和平台，促进国际合作和贸易的深化。同时，新质生产力将稳定科技发展方向和格局，各国应不断提高自身的科技水平和创新能力，以应对日益激烈的国际竞争。

作为新质生产力的一个重要组成部分，Sora 展示了科技创新对生产力和社会进步的巨大推动作用。随着新质生产力的不断发展，未来的社会将更加智能化、高效化和多样化。

总之，新质生产力是推动社会发展的重要力量。通过技术创新、知识创新和管理创新等手段，新质生产力能够提高生产效率、优化资源配置、推动产业升级，为经济社会发展注入新的动力。

新质生产力还能够提升人民生活质量和社会福祉水平，推动社会全面进步。因此，我们应该积极拥抱新质生产力，加强技术创新、知识创新和管理创新，为实现更高质量的发展贡献力量。

13.2　当 Sora 遇到新质生产力

Sora 遇到新质生产力，既带来前所未有的机遇，也带来一些巨大的挑战。新质生产力以云计算、大数据、物联网为代表，正逐步改变传统的生产方式和服务模式。这些新技术的出现使数据的获取、存储和处理变得更加便捷和高效。对于 Sora 来说，这意味着它能够接触到更多的数据资源，从而进一步提升其模型训练效果和性能。随着数据量不断增长，Sora 需要处理的数据量也相应增加，这对模型的稳定性和效率提出了更高的要求。

13.2.1　Sora 不就是新质生产力么？

"新质生产力"代表着一种全新的生产方式和效率提升模式。那么，Sora 是否可以被视为新质生产力的代表之一呢？新质生产力通过引入新技术、新模式、新业态等方式，实现生产力的跨越式发展，从而推动经济社会的持续进步。这种生产力的变革不仅仅体现在量的增长上，更重要的是质的提升。

而 Sora 作为一种新技术或平台，具有创新性、高效性、智能化等特点，能够通过先进的技术手段，提高生产效率、降低成本、优化资源配置，从而为企业创造更大的价值。此外，Sora 还具有广阔的应用前景，能够渗透到多个行业和领域，推动整个社会的生产力升级。

为了更具体地说明 Sora 对提升新质生产力的作用，下面结合具体行业进行分析。以医疗行业为例，Sora 可以通过大数据分析，帮助医生更准确地诊断疾病和制定治疗方案。同时，Sora 还可以实现医疗资源的优化配置，缓解医疗资源紧张的问题。这不仅能够提高医疗服务的质量和效率，还能够为医疗行业带来新的发展机遇。

然而，Sora 作为一个新兴的技术平台，还存在一些挑战和不确定性。例如，数据安全和隐私保护问题、技术更新换代的速度问题等。这些问题如果不能得到有效解决，可能会对 Sora 的发展和应用产生一定的影响。

总之，新质生产力是当今社会发展的重要趋势之一，而 Sora 作为其中的代表之一，具有巨大的潜力和前景。

13.2.2 只有赋能，才能升级

赋能，即赋予能力或权力，使接受赋能的主体能够更好地完成任务或实现目标。赋能是 Sora 升级的关键。对于 Sora 来说，赋能意味着不断学习新知识、新技术、新模式，以提升自身的智能水平和处理能力。只有这样，Sora 才能更好地应对新质生产力的挑战，为用户提供更精准、更高效、更便捷的服务。

具体来说，赋能包括 3 个方面，如图 13-1 所示。

图 13-1　赋能的 3 个方面

1．技术赋能

Sora 需要不断学习最新的技术成果，如深度学习、自然语言处理、计算机视觉等，以提升视频处理和分析的能力。通过技术赋能，Sora 可以更加准确地识别用户的需求，为其提供更加个性化的服务。

2. 数据赋能

数据是新质生产力的重要支撑，也是 Sora 升级的重要资源。通过收集、整合和分析大量数据，Sora 可以不断优化其算法模型，提高处理效率和准确性。同时，数据赋能还可以帮助 Sora 更好地了解用户行为和市场趋势，为企业的决策提供有力支持。

3. 场景赋能

新质生产力的应用场景日益丰富，如智能家居、智慧城市、智能医疗等。Sora 需要不断拓展其应用场景，将技术与实际需求相结合，为用户提供更智能、更便捷的服务。通过场景赋能，Sora 可以更好地满足用户需求，提升用户体验。

综上所述，当 Sora 遇到新质生产力时，赋能成为其升级的关键。通过技术赋能、数据赋能和场景赋能等多方面的努力，Sora 可以不断提升自身的能力和竞争力，更好地应对新质生产力的挑战。

13.3　重新定义产业

作为文生视频大模型的代表，Sora 以其强大的视频处理能力和智能化的技术应用，为产业带来了前所未有的变革。Sora 使得企业能够更高效地处理视频数据，从而挖掘出更多的商业价值和市场机会。而新质生产力的出现，则为产业注入了新的活力和动力。新质生产力强调的是通过高质量的技术创新和模式创新，提高生产效率和产品质量，实现产业的升级和转型。

13.3.1　Sora+新质生产力下的更多场景

Sora 凭借卓越的技术实力和广阔的应用前景，成为业内的佼佼者。而当我们将其置于新质生产力的背景下，其潜在的价值和影响将更加凸显。在新质生产力的推动下，Sora 的应用场景将更加丰富，在这一背景下，视频内容的需求呈现爆炸式增长，而 Sora 正好能够满足这一需求。

例如，在影视制作领域，Sora 可以辅助导演和制片人快速生成多样化的场景和特效，提高制作效率和质量。在广告创意领域，Sora 能够为广告商提供个性化的广告制作服务，帮助他们更好地吸引目标受众。在教育培训领域，Sora 可以协助教师制作生动有趣的视频课程，提高学生的学习兴趣和效果。

在教育视频中，Sora 能够实现智能字幕、语音识别和语音合成等功能，为学生提供更便捷、更高效的学习体验。学生可以通过语音与视频内容进行互动，实现个性化学习。同时，Sora 还能够为教育机构提供智能化的视频管理和分析服务，帮助教育机构更好地了解学生的学习情况，提高教学效果。

此外，Sora 在新质生产力下还将发挥更大的作用。随着技术的不断进步和应用场景的拓展，Sora 将与其他先进技术，如虚拟现实、增强现实等相结合，为用户带来更加沉浸的视频观看体验。同时，随着数据资源的日益丰富和计算能力的提升，Sora 的性能和精度将进一步提升，从而更好地满足用户的需求。

随着大数据和人工智能技术的不断发展，Sora 能够结合这些先进技术，实现更加智能化的视频处理和分析。这将使得 Sora 在更多领域发挥重要作用，推动各行各业的创新与发展。

13.3.2　智能制造与新能源汽车

特斯拉掌舵人埃隆·马斯克曾表示，从本质上来说，在未来，机器人完成体力工作将成为一种选择。Sora 与新能源汽车、智能制造的结合，可能会给传统整车制造带来颠覆性的影响，重塑其工艺流程。

对于整车制造来说，冲压、焊装、涂装、总装及检测环节都会有变革和重塑；一体化压铸成型技术、3D 打印技术将会量产应用，而焊装、涂装等工序可能会彻底消失；人工参与度大幅降低，产品质量得到提高，废品率有所降低。

而对于新能源汽车而言，Sora 可以极大地提升新能源汽车的智能化水平，打造具备超强环境感知能力、快速决策和高效规控能力的"汽车机器人"。只有到达这一步，新能源汽车才能体现其作为移动智能终端的终极定位，深度参与智慧城市、智能网联布局及能源储备等各个场景和细分领域中。

Sora 有助于推动智能制造与新能源汽车的深度融合，有助于促进产业链上下游企业的协同发展，带动整个产业的转型升级。

13.3.3　大消费

在新质生产力的驱动下，大消费领域正在经历一场前所未有的变革。随着科技的飞速发展和人们生活水平的提高，消费者对产品和服务的需求变得越来越多元化、个性化。传统的生产模式以大规模、标准化的生产为主，已经难以满足现代消费者的个性化需求。因此，企业需要寻找新的解决方案，以满足消费者的新需求。

Sora 可以利用先进的大数据技术和人工智能技术，深度挖掘和分析消费者行为数据，帮助企业更准确地了解消费者的需求和喜好。通过对用户数据的精细处理，Sora 能够为企业构建出精准的用户画像，展现消费者的购买习惯、偏好、消费心理等深层次信息。

除了提供精准的用户画像和市场趋势预测外，Sora 还具有强大的决策支持功能。通过对海量数据的挖掘和分析，Sora 能够为企业提供全方位的市场分析和决策建议。这些建议不仅涉及产品研发、生产、销售等各个环节，还包括供应链管

理、市场营销策略等多个方面。通过这些建议，企业能够更加科学、高效地制定和执行市场策略，提升整体竞争力。

作为新质生产力的重要支撑以及大消费领域变革的重要支撑，Sora 可以帮助企业更好地应对市场变革，实现更加高效、精准和个性化的运营和管理。这不仅推动了产品质量的提升，还将有效促进产业链的升级和转型。

13.3.4　航天飞行

航天飞行产业转型升级的关键在于智能化和多技术融合发展，其产业范围涉及数字化建模、三维可视化与仿真、智能感知、机器视觉、新材料等多个领域，而这些也正是 Sora 能够"大显身手"的地方。

随着云计算、物联网、大数据等技术的广泛应用，航天飞行产业的数据收集、分析和处理能力得到了极大的提升。通过 Sora 进行实时监测、数据分析和模拟，可以提高航天器性能、安全性、可靠性，有效降低航天飞行的风险。

同时，Sora 可以通过视频检测，对航天器的运行状态进行实时监控和分析，及时发现并处理潜在的安全隐患，提高航天器的可靠性和安全性；还可以自动识别和追踪航天器中的关键目标，如卫星、火箭等，为航天飞行的精准导航和控制提供有力支持。

通过收集和分析大量数据，Sora 可以为航天飞行决策提供更加智能化和精准化的支持，提高决策的效率和准确性。Sora 还可以实现航天器的自主导航与控制，提高航天飞行的自主性和灵活性。

新质生产力下的航天飞行产业正迎来前所未有的发展机遇，正在不断突破传统模式的束缚，实现转型升级。随着技术的不断进步和应用场景的不断拓展，Sora 将为航天飞行产业带来更加广阔的发展空间和更加丰富的应用场景。

13.3.5　金融服务

在数字化技术不断进步的今天，金融服务业在安全性、快捷性和方便性方面的平衡如何实现，受到越来越多人的重视。在新质生产力的推动下，金融行业正在逐步实现数字化转型。数字化转型不仅提高了金融服务的效率和质量，还能为客户提供更便捷、个性化的金融服务。

Sora 可以作为数字化转型的重要工具，为金融机构提供强大的数据处理和分析能力，使得金融机构能够更好地满足客户需求，提高客户满意度。例如，人工智能技术在客服领域的应用，可以实现 24 小时不间断服务，提高客户满意度；智能监管可以实现在金融交易的快速清算和结算的基础上，有效发现并控制风险，提高效率。

第 14 章

Sora 的未来：颠覆与变革

Sora 的出现与发展对个人、企业、行业乃至人类文明都有着不同程度的影响。我们该如何拥抱技术，又该如何定义人类与科技的关系？本章从 AIGC 的发展趋势出发，展望 Sora 对经济社会的宏观影响，思考如何在 AI 迅猛发展的时代，更好地守护人类文明，拥抱未来。

14.1 AIGC 的发展趋势

随着 AI 技术不断发展，AIGC 生成内容的类型更加丰富，质量不断提升。从识别、分析到生成，AI 大模型从单模态走向多模态，算法不断优化，应用场景不断拓展。

14.1.1 从模式识别到模型生成

模式识别兴起于 19 世纪 50 年代，在 20 世纪 70 年代到 80 年代风靡一时。模式识别指的是处理并分析表征事物、现象的各种形式的信息，从而准确描述、辨认、分类并解释某一事物或现象。

作为信息科学与 AI 领域的重要组成部分，模式识别被应用于图像处理分析、语音识别、计算机辅助诊断等方面。尽管应用时间很长，但其效果不尽如人意。

模式识别需要由人工提取事物特征并输入机器，再由机器进行判断。而对于机器来说，即使是简单的"O"与"0"、"O"与"。"，其都很难清楚地区分。机器无法模拟人类对事物的整体认知，经常出现令人感到不可思议的错误。

20 世纪 80 年代末期，机器学习兴起，旨在通过输入大量的数据样本，结合特定算法训练机器，使其学会自我总结，将提炼的规律、特征以及模式应用于新数据的预测和判断中。

而作为机器学习的子集，深度学习采用人工神经网络来模拟人脑的结构与工作方式，以处理复杂的数据输入。其在图像识别、声音识别以及自然语言处理等领域获得快速发展。这一技术是生成式 AI 模型的核心，用以分析大规模数据集，并生成全新的数据。

从模式识别到模型生成，我们可以看出，AI 的发展从以分析为核心，到以创造为核心。研究人员以不断强化的数据结构模拟人脑神经架构，力求让 AI 以人类的方式思考物理世界，并进行内容创造。

14.1.2　Sora 开启多模态大模型新纪元

从单模态走向多模态是当前 AI 大模型的发展趋势。从数据上来看，多模态大模型能够对文字、图像、语音等多种模态的数据进行融合处理。从算法上来看，多模态大模型会更多地融合人脑神经机制以提升性能。从应用上来看，多模态大模型能应用于复杂场景的智能决策与跨模态任务。

Sora 使文生视频、图生视频等跨模态内容创作成为现实，开启多模态大模型新纪元。在 Sora 发布前后，国内外大厂相继发布 AI 视频生成算法或工具。例如，

Stability AI 发布 Stable Video Diffusion（以下简称 SVD）。Stability AI 使用一个包含 5.8 亿个视频的庞大数据集训练 SVD。通过级联切换检测、运动信息提取、文本描述生成、质量评估、过滤去噪等环节，筛选出 1.5 亿个视频片段，并应用于 SVD 训练，使其能生成连贯的高清视频。

目前，不少研究团队采用 3D 建模、微调量化等办法提升文生视频的质量。例如，有研究人员提出，使用 3D morphable 模型能够在一定程度上提高人物生成的可控性，将面部表情、身体姿态塑造得更为逼真。

由此可以推断，未来的多模态大模型会更多地与 3D 建模技术相结合。例如，OpenAI 曾在 2023 年 5 月推出 Shap-E 3D 建模模型，其能够在几秒内生成多样且稳定的 3D 资产。因此，诸如 Sora 的文生视频大模型尚未解决的物理逻辑问题，在未来有望以 3D 建模+AIGC 的方式得到解决。

14.2 算力与电力共舞

Sora 出现使全球算力需求呈爆发式增长，而算力需求增长会导致能源消耗激增。为解决能耗过大带来的资源耗费、环境污染等问题，算力需要与电力深度融合，发展绿色、节能 AI 大模型。

14.2.1 Sora 算力到底几何

算力是一个比较抽象的概念，为了更加清晰地了解 Sora 的算力需求，我们将其与 ChatGPT-4 相比较。根据国内外学者推算，Sora 的训练算力需求约为 ChatGPT-4 的四分之一，而其推理算力需求约为 ChatGPT-4 的 1 000 倍及以上。

具体来说，Sora 训练端一个月要消耗约 231 片 A100 显卡，推理端对应 A100 需求约 1 846 万个。

我们根据 Sora 研发人员公开的论文进行简化测算。在训练端，Sora 训练一张 1 024×768 分辨率的图片需要算力 324Gflops。另一研究显示，YouTube 每分钟上传的视频约为 500 小时，假设所有视频均为 60 帧/秒，并采用 A100 显卡，利用率为 80%，那么一个月内将 YouTube 新增视频全部训练完成，需要消耗 A100 显卡 231 片。

在推理端，其算力≈交互 patches 数×2×参数量。假设抖音有 8 亿 DAU（Daily Active User，日活跃用户数），每人每天使用时长为 2 小时，对应每日视频播放时长约为 16 小时。假设每个 patch 的尺寸为 60×80，一帧分辨率为 1 920×1 280 的画面就有 512 个 patch，一秒 30 帧，那么一分钟的视频就会有 92.16 万个 patch。假设 Sora 的模型参数为 30 亿个，那么对应的 A100 需求约为 1 846 万个。

14.2.2　算力爆发之争

不少业内人士指出，依托强大的视频生成能力，Sora 极有可能推动应用端商业化落地，扩大产业规模，进而影响上游算力基础设施建设，算力需求将再次爆发。

根据中信证券估算，对于一个约为 6～8 秒的 60 帧视频，Sora 至少要生成约 120 万个 token，计算量极大。为了提升视频渲染、合成的质量与速度，研发端需要更高性能的计算机与芯片，AI 芯片的重要性愈发凸显。

在未来，以 Sora 为代表的生成式 AI 不仅会应用于交通、医疗、教育等民生行业，在建模、虚拟数字人、虚拟世界构建等高科技领域的应用也会更加普遍。换言之，几乎与数字信息技术相关的所有行业，都会对算力有不同程度的需求。

Open AI 的 CEO 山姆·奥尔特曼表示，目前正在与投资者洽谈，将以 5 万亿～7 万亿美元的资金，设立项目以强化全球芯片产能，提升其支撑 AI 大模型的

能力。山姆·奥尔特曼提出，Open AI 需要与投资者、芯片制造商及电力供应商达成战略合作，多方集资建造芯片工厂。算力需求的日益增长带动各大算力服务商加大研发力度，投身千卡、万卡集群的竞争当中，提升科技竞争力。

从国家层面来看，要发展人工智能，就需要加大对算力基础设施的投资，包括建设数据中心、提升网络带宽等，进一步提升算力的供给能力。同时，还需要加大 AI 算法的研发力度，提升算法效率及其精准度，以进一步提升算力的效率。

14.2.3　揭开电力的面纱

Sora 的研发与训练促使算力需求激增，同时产生大量的能源消耗。对于运营此类大模型的数据中心而言，实现节能与低碳的难度显著增加。但从另一角度来看，信息技术与能源的碰撞也会为能源企业带来更大商机。

一方面，计算机技术有可能向能源倾斜。华为研究人员表示，数据中心消耗全球 2% 的电力，到 2030 年，这一数字可能上升至 8%。随着 AI 大模型的应用领域日益广泛，电力消耗量将持续上升。

然而，计算机技术能够对大模型耗能加以控制。例如，密歇根大学研究团队开发的 ML.ENERGY Leaderboard 系统能够对开源大模型的能耗进行评估与排名，帮助用户比较大模型能源效率。同时，Sora 能够理解和判断物理世界的部分客观规律，说明其学习能力有了跨越式提升，在未来极有可能理解用能场景，分析能源数据，对相关系统进行优化调度，反哺能源领域。

另一方面，数据中心与储能企业合作，有望降低节能减碳的难度。目前已有不少新能源发电项目应用至数据中心，UPS（Uninterruptible Power Supply，不间断电源）也与发电站、数据中心等实现多站融合，使数据中心更好地消纳绿电，降低碳排放。

从长期来看，新的清洁能源的使用，智能储能设备的多站融合，都能降低数据中心的采购与运营成本，提升能源利用率，降低能源污染。

14.3　Sora 未来展望

Sora 的未来充满无限可能。一方面，其作为 AI 大模型赋能各行各业，促使更多专业型 AI 工具涌现；另一方面，Sora 让人们看到了 AI 技术的飞跃式进步，各行业对专属、自建模型的需求将会增加。而事实上，国内外大厂很多已经在以更积极的姿态布局开源业务，谋求激活 AI 产业生态。

14.3.1　创新时代，Sora 将重塑大量行业和企业

Sora 与影视、游戏、营销、医疗及教育等行业相结合，有望突破产业界限。事实上，不仅限于单行业内部，Sora 还能够促进跨行业融合创新，激发行业间相互学习与合作。

例如，影视与游戏行业能够共享创意与技术资源，既能丰富内容，又能优化用户体验。结合 Sora 模型，影视作品可以借助游戏引擎增强视觉效果，增强作品与用户之间的互动。而结合影视作品的叙事技巧与表现力，游戏开发者能够丰富故事内涵，增强玩家的沉浸感。

同时，Sora 的出现也为企业数字化转型带来更多思考。尽管 AI 技术发展迅猛，甚至超出人类的预期，对于企业来说，智能化转型、数字化转型是必走之路。但是，越是这种时刻越要冷静思考，不能陷入技术焦虑、踏入陷阱。

企业需要明确三点：第一，AI 技术尚不稳定，需要进一步发展完善，实现场景化落地则还有很长的路要走。第二，想要实现 AI 技术与企业场景的深度融合，企业需要持续性投入大量的时间、精力和资金，成本压力极大。第三，管理层的

AI 领导力、员工的 AI 思维能力与 AI 工具需要长时间磨合。

因此，随着 Sora 的出现和发展，企业需要以正确的认知拥抱先进技术，一方面思考如何让 AI 技术为生产力服务，另一方面搭建先进的生产力体系。同时，企业还要以 AI 技术推动员工能力提升。

14.3.2 工具时代，专业型工具开发将成为主流

百度研究院指出，AI 技术对科学计算领域产生深远影响，正在改变部分学科的研究范式。研究团队通过引入 AI 技术，研发科学计算工具，用以求解复杂问题，提升系统建模的分析能力。

可以推测，不仅是科研领域，未来会有多个领域结合 AI 技术研发专业型工具，为人们的工作与生活场景带来更多便利。

IDC 研究表明，企业希望实现 AIGC 工具化，以获得更大的商业利益，包括但不限于优化客户体验、提升研发人员生产力、获得差异化竞争优势等。到 2026 年，生成式 AI 预计承担 42% 的营销任务，包括但不限于优化搜索引擎、优化企业官网、分析并归纳客户数据、评估潜在客户以及提供超个性化服务等。

从个人层面来看，目前国内外已有大量专业化 AI 工具，如写作类 AI 工具——AI 创意生成家、文状元 AI、ChatsNow AI、iTextMaster；绘画类 AI 工具——Remaker、JourneyDraw；办公类 AI 工具——TreeMind、ChatExcel、NotionAI；视频类 AI 工具——Murf AI Studio、Runway 等。

由此可见，AI 工具主要集中于 C 端，且同质化程度较高。AI 工具对底层大模型的依赖度较高，对于研发 AI 工具的企业来说，想要在 AI 工具领域构筑自己的竞争优势，一方面需要进行差异化的产品定位，另一方面需要训练更为强大的底层模型和算法。

14.3.3　模型时代，专属、自建模型将大量涌现

Sora 的出现使企业对专属、自建大模型的需求上升。企业对 AI 大模型的要求已经从实现"通识"，进化到成为某些领域的"最强大脑"。IDC 研究表明，目前 60% 的企业正在使用开源大模型，但该比例会降至 17%，更多企业会以私有大模型为基础，研发 AI 应用。同时，88% 的企业选择组建内部团队，进行相关产品的研发生产。

在构建专属大模型的过程中，首先，企业需要与行业专家紧密合作，制定符合企业业务需求的模型设计与训练策略，使大模型更好地解决企业实际问题，提升其应用价值。同时，企业要积极吸纳 AI 人才，建设内部 AI 队伍，提升行业竞争力。

其次，企业需要重视大模型的透明度与可解释性。这有助于企业理解大模型决策过程，排查潜在问题，更好地与用户沟通，提升其对大模型的信任度。

再次，企业需要建立大模型更新机制，及时感知市场变化，持续优化并更新大模型，以应对新的市场挑战。

最后，企业需要注意数据与隐私安全，确保大模型的训练与应用不会侵犯用户的隐私，保证 AI 应用的合法性与安全性。企业有必要建立数据管理机制，在大规模采集数据的过程中，对数据进行妥善保管。

14.3.4　生态时代，大模型生态下百业繁荣

就企业内部而言，AI 与业务的融合进程将加快。AIGC 为企业业务流程带来智能革新，使企业出现规模化流程重组效应。同时，业务规则也由一成不变转为持续迭代。原子化的 AI 能力正在逐步渗透进企业业务的各个环节中，以"无感智能"成为企业运营中不可或缺的组成部分。

就企业外部环境而言，国内外大厂将以开源社区、开源大模型等形式激活 AI 科技生态，降低 AI 大模型使用门槛，使更多企业了解、使用 Sora 等一系列多模态大模型。

以阿里巴巴为例，早在 2022 年，阿里云就开始建设 AI 开源社区"魔塔社区"，整合国内外多个大模型与 SOTA 模型。阿里云表示，走开源路线是为了让 AI 大模型的加普及度更高。对于企业来说，使用哪一种模型、是否自主研发，都应该由成效决定。AI 大模型发展尚不成熟，有条件的大厂更应站在开发者视角，为他们提供工具，让他们自己去选择。

此外，阿里云还提供灵积模型服务与智能算力资源，为开发者提供训练、推理、调试、测评等工具，推动自研大模型产品化落地，为后续商业化铺路。

总体来说，无论是开源模型还是开源社区，都是在上游通过免费策略扩大用户基数，拓宽行业生态，促使大模型技术持续迭代。随着 Sora 不断发展，国内外开源社区会不断更新大模型种类，以开源、开放的大模型生态促使 AI 技术迅速落地，进而实现商业转化，为各行各业带来更多科技红利。

14.3.5 风险时代，人工智能安全如何守护

Sora 展现出巨大的潜力，但也隐藏着诸多问题。AI 的安全性能一直是科技领域绕不开的问题，而 Sora 确实在网络、技术、伦理等层面存在风险。

从网络安全角度来看，Sora 的个性化生产能力使其在潜移默化中向用户灌输特定的理念，进而影响人们的世界观、价值观，加剧意识形态的分裂，加深不同群体间的对立。Sora 生成的内容有可能被用于政治宣传、舆论操控，进而激化国际矛盾，对国家安全造成威胁。

同时，Sora 为机器人水军提供技术支撑，使其能够进一步操控网络舆论，污染网络环境。Sora 的生成能力也可能会降低恶意信息的生成门槛，提高此类信息的欺骗性和影响力。

在技术层面，Sora 需要使用大规模数据集进行训练，对语料库的内容与更新速度要求较高。然而，目前以英语为首的西方语言仍占据主导地位，中文数据仅占 1.5%。

对于外语内容的高度依赖，使语料库在构建过程中涵盖了大量具有特定意识形态的信息。如果不能妥善处理此类信息，就有可能导致训练出的模型存在偏见，进而误导用户，影响生成内容的客观、公正。

此外，算法黑箱、数据安全等问题也是 AI 领域常见的问题。如何在用户使用 Sora 的过程中保护其个人信息，也是开发者需要思考的问题。

14.4　守护与拥抱

一直以来，AI 技术的发展既让人欣喜，也让人担忧。"AI 究竟会不会产生自我意识"的问题，一直是业内外讨论的重点。我们既不能因恐惧而回避技术的进步，也需要在认清现状的同时进行冷静的审视与思考。

14.4.1　人工智能的极限在哪里

Sora 的出现无疑将 AI 技术推向新的高度，同时也引发人们的思考——AI 的极限究竟在哪里？

一直以来，研究团队致力于让 AI 以人类的方式思考、交谈与创作。这是因为尽管人脑的算力有限，但从神经科学的视角来看，大脑中数百亿个神经元进行复杂交互，收集并处理来自不同感官的信息，形成了 AI 尚未拥有的智能，也就是意识。

作为意识主体，人类对外界的理解结合了自身的价值观、情感与动机。而 AI 的基础是数学，在过去 60 年里，AI 所做的事就是把一个个看似非数学的问题转变为数学问题，再加以分析，如人脸识别、语音识别、机器翻译。因此，从某种程度上来说，AI 的极限就是数学的极限。

20 世纪 30 年代，图灵提出抽象机器"图灵机"的概念，用以判断一个数学问题是否能够通过一步步计算，最终得到解决。然而，并非所有数学问题都能通过计算机计算得到答案，甚至可以说，能通过计算机得出答案的数学问题，即可计算的有解问题只是所有数学问题中极少的一部分。

而可计算的有解问题又包含工程上可实现与不可实现两个部分。例如，比特币，从理论上来说，计算机可以破解比特币密码，但从工程角度来看，这件事是完全不可行的，也许要花费 5 亿年的时间。而 AI 可以解决的问题，只是工程上可实现问题中的一小部分，距离有解问题、数学问题乃至现实问题的边界还十分遥远。

基于此，尽管 AI 的发展令人惊叹，但其发展速度过快，人类对其运用也还不够充分，AI 的极限尚不能脱离数学问题，而现实世界有更多的非数学问题等待着人脑去解决。

14.4.2 守护文明，拥抱未来

人类文明的演进大体可分为三个时期。

首先是原始文明，经历 200 多万年，人类在蓝色星球上作为碳基生物开始自我成长。

其次是农业文明，大约 5 000 年。在这段时间里，人们自我传承，成为具有文明的种族，驯服野兽，穿衣住房，种植，开始认知天文地理，有了语言、文字、风俗、制度。

第三个时期是工业文明，距今不过 300 多年。这是人类发展最快的一个时期，人类开始自我突破，先后经历了机械化时代、电气化时代、自动化时代、信息时代，而现在正在进入智能化时代。

作为信息时代的全新产物，AI 打破了物种以碳基形式进化的规律，开始以硅基方式运行。以往人类文明的进化是循序渐进的，而 AI 很有可能为人类文明进程带来一个"奇点"，其爆发性和高成长性，或许会给人类文明带来革命性变化。

除了算力远超人类，AI 的寿命和存储能力也可以看作无限的，因而看上去似乎有着无限的可能性。但作为意识主体，我们拥有情感、信念等 AI 无法模拟的内容，这些源于我们大脑 860 亿个神经元的交互运动。这也是人工智能远远无法达到人类智能的原因——再强大的数据结构，也无法替代人脑的神经结构。

未来，AI 究竟会如何发展，是像《星球大战》一样成为人类忠实的伙伴？还是如《奇点来临》预想的，以数字大脑实现人机合一，实现永生？还是如《终结者》一般给人类文明带来灭顶之灾？

这个问题现在没有答案。一切皆有可能，一切自有定数。但是，有一点是肯定的，那就是，在今天，人类的每一步行动会对 AI 的发展产生非常重要的影响。站在技术革新、文明进化的关键时间节点上，AI 似乎给我们打开了一扇门，让我们看到了更高的效率、更强的算法、更多的无限可能。

我们因为自己所看到的而无比欣喜，我们因为自己所看到的而莫名恐惧。未来呼啸而来，而我们能做的、要做的，是在短暂的生命中，用心守护和传承来之不易的人类文明，同时，敞开怀抱，拥抱并接受未来的一切可能。

反侵权盗版声明

电子工业出版社依法对本作品享有专有出版权。任何未经权利人书面许可，复制、销售或通过信息网络传播本作品的行为；歪曲、篡改、剽窃本作品的行为，均违反《中华人民共和国著作权法》，其行为人应承担相应的民事责任和行政责任，构成犯罪的，将被依法追究刑事责任。

为了维护市场秩序，保护权利人的合法权益，我社将依法查处和打击侵权盗版的单位和个人。欢迎社会各界人士积极举报侵权盗版行为，本社将奖励举报有功人员，并保证举报人的信息不被泄露。

举报电话：（010）88254396；（010）88258888

传　　真：（010）88254397

E-mail：　dbqq@phei.com.cn

通信地址：北京市万寿路 173 信箱

　　　　　电子工业出版社总编办公室

邮　　编：100036